基于机器视觉技术的羊体尺参数无接触测量

周艳青　薛河儒　姜新华　白　洁　著

U0246460

中国农业出版社

北　京

前 言
FOREWORD

内蒙古地区是中国肉羊的主产区。随着物联网和大数据技术的发展，精准养殖成为现代养羊业发展的必然趋势，其中无应激的生长参数监测是精准养羊的重要内容。因此，开展基于体尺、体重的生长参数监测对于指导生产实践、推动福利化养羊具有重要的现实意义。

目前，羊体尺参数主要通过人工利用皮尺、测杖及磅秤直接测量，不仅工作量大，且会对羊造成应激反应，从而降低羊的福利化养殖水平。基于光学原理的计算机视觉技术可获得丰富的体尺参数，且具有较高的精度。近年来，该技术在活体动物体尺测量中成为研究热点。我国在羊体尺测量方面做了有益的探索，但是研究中体尺参数测量的自动化程度不高，相对成熟的研究方法多用于牛、猪等领域。羊个体灵活、运动范围广、体姿多变、被毛厚重等特点，使得基于无接触方法获取羊体尺参数实施生长监测面临较大挑战。

本书以无接触羊体尺参数测量为研究内容，在分析国内外研究现状的基础上，描述了双目立体视觉的基本理论和摄像机标定的过程，阐述了羊体图像分割方法，详细论述了羊体尺参数获取过程，如基于二维图像、基于主动式、基于被动式等方法。在基于主动式和被动式方法中涉及三维重构，因为三维比二维能够获取更多的体尺参数，有利于准确构建体重预估模型。本书重点介绍了基于二维图像和被动式的羊体尺参数的技术；介绍了基于多尺度分水岭和 FCM 融合的羊图像分割方法，利用包络线算法检测羊体参数测点，采用基于 RANSAC 的极线约束方法进行特征点匹配，计算特征点三维坐标，进而计算体尺参数；还可以基于羊体特征点进行匹配获取羊体三维特征点，利用三维点数据实现三维重构，同样测量体尺参数；最后，对计算结果进行对比分析。整体而言，本书为羊体尺参数无接触测量领域提供了一套系统的理论框架，对推进相关技术的创新和应用具有重要意义。

　　本书由周艳青、薛河儒、姜新华、白洁共同撰写。郜晓晶、杜雅娟、吴国栋、马学磊博士，王春兰、段晓东、王思宇、白明月硕士参与了本书试验图像采集、算法验证。感谢刘艳秋和乌丹牧其尔老师对本书的支持与帮助，感谢内蒙古农业大学动物实验基地和呼和浩特市赛罕区巴彦镇白塔村养殖基地给予的帮助，并对所有为本书出版做出贡献的同事和朋友们致以衷心的感谢。

　　本书的出版得到了国家自然科学基金项目（62061037、31960494）、内蒙古自然科学基金（2020BS06003、2023QN06006、2023LHMS06017）和内蒙古高等学校教育厅项目（NJZY19062）的资助，特此说明。

　　书中难免存在不妥之处，敬请专家和读者批评指正。

著　者

2023 年 10 月

于内蒙古农业大学

目　录
CONTENTS

前言

1 绪 论

1.1 背景及意义

1.1.1 研究背景

内蒙古自治区草地资源丰富且覆盖面积广，从内蒙古北部到西南部，从东部到西部，共有呼伦贝尔、鄂尔多斯、乌兰察布、锡林郭勒、科尔沁和乌拉特6大著名草原，为畜牧业发展提供了重要的生产资源[1-2]。据统计，内蒙古草场面积达88.0万 km^2，其中，可利用的草地面积为68.0万 km^2，占全区草地面积的77.27%，形成了我国最大的天然牧场[3]。

内蒙古有利的地理环境、独特的饲草资源、天然的自然条件孕育出牛、羊和马等畜种资源，使得内蒙古成为我国重要的畜牧业生产基地、最大的优质奶源及乳制品生产基地、我国羊肉及羊绒生产基地、现代马品种发源地等[4-5]。2016年内蒙古全区牧业年度牲畜存栏数达13 597.9万头（只），其中羊存栏10 730.5万只，占牲畜总存栏数的78.9%。同年，肉类总产量共计258.9万 t，其中羊肉产量99.0万 t，占肉类总产量的38.27%。可见，羊存栏数、羊肉产量均居内蒙古畜牧业发展的首要地位。

内蒙古养羊业作为畜牧发展的重要组成部分，在饲养过程中羊的生长发育规律、生产性能、遗传特性、选育特性等成为人们关注的重要问题，而羊体尺参数和体型可以表征羊的特性。通过对体尺参数及体型进行分析，充分挖掘羊的生长发育规律、生产性能及遗传特性，可科学指导羊的生长发育和种羊选育，还可鉴别羊品种、评估羊生长情况、估测羊体重等，为饲养管理提供依据[6]。因此，开展羊体尺参数获取及体型重构方法的研究具有重要意义。

1.1.2 羊体尺参数及体型对羊性能的影响

羊体尺参数作为衡量羊生长发育的主要指标，不仅直接反映羊的体格大小、体躯结构和体况，而且可间接评估不同生长阶段表观遗传发育状况。目前国内外畜牧业中均以生长曲线记录羊生长发育的变化，研究发现羊体尺参数与其不同生长阶段的体重有着密切的相关性。通过拟合生长曲线，预判羊生长发育特点，并估算生长发育的关键窗口期及绝对生长率，可使羊最终达到最佳的生长性能。例如，杨燕等[7]对不同性别、不同月龄的沂蒙山黑山羊体重及体尺参数的变化趋势进行分析发现，羊体重的生长规律可以揭示母羊繁殖初配体重、母羊补饲阶段及肉羊育肥阶段；羊的体高、体长、管围参数可反映骨骼生长状况，胸围则体现肌肉及皮下脂肪的积累情况，从而判断羊的生长率。羊的绝对生长速度是检验营养水平的关键指标，以性成熟为界限，随着年龄的增长先增后减。根据绝对生长曲线计算出羊的绝对生长速度高峰的月龄，可为羔羊断奶后及时补充营养提供饲喂依据[8]。因此，在养殖过程中，需考虑不同性别羊的体重规律，按性别进行饲养管理；同时，注重早期饲养管理，抓住最佳饲养期，及时补充生长发育所需营养成分，满足羊的生长需求，保证羊体骨骼和肌肉的良好发育。

羊体尺参数和体重指标可以反映羊的繁殖与选育水平，并评估其生产性能的潜力，包括产肉性能等[9]。而羊的体重与体长、体高、臀高等体尺参数具有相关性，可以用体尺参数预估体重[10]。通过体尺数据的线性评估，结合表观遗传学，可作为羊遗传选育的评判依据。依据羊的体尺参数和体重指标分析不同性别之间的相关性，确定公羊和母羊的生长速度和生长强度。在羊的选育与培育过程中，为不同生长速度的羊提供相对应的营养水平，以满足其生长发育及繁殖的不同需要，做到个性化与精细化结合。研究表明，羊的体尺参数与其产肉量有显著的相关性，能间接地预测羊的产肉性能。例如羊的胸围、胸宽和胸深参数等可反映胴体净肉率[11]；利用羊的体长和胸深不仅可预估体重，而且统计分析发现胴体重、净肉重与体重的相关性极显著[12]。此外，体尺参数对不同生长阶段、不同品种羊的饲料转化率也有影响，可根据不同生长阶段羊的营养需要量和饲料转化率选择原料种类并制订配方。依据羊体尺参数和体重的生长曲线，在适当阶段调整羊的精饲料和粗饲料搭配比例，使投入的成本最低，产出最高，经济效益最大化，达到降本增效目的。

羊的体型可表征羊体形态，反映羊的选育性能。通常选择生长发育快、体型大及中躯较长的羊作为育种羊，以利于产出有较强的泌乳带羔能力及繁殖性能的后代。同时，依据文献[7][11]可知，羊体的生长发育特性及产肉特性与羊体的三维信息具有显著的相关性，可利用羊体型结构开展羊体三维生长参数信息的提取。

1.1.3 福利化养殖是现代畜牧业发展的必然趋势

在现代规模化、集约化生产中，随着生产水平的提高、生产规模的扩大及饲养密度的增加，动物自由运动和采食受到限制，活动空间和光照条件相对不足，有限的土地和饲料资源使得动物所处饲养环境变差并伴随药物滥用，在带来巨大经济效益的同时，导致疫病大规模暴发、动物行为异常、畜产品质量低下等问题[13]。由此"动物福利"应运而生。

1976年，美国人休斯（Hughes）首次提出"动物福利"一词，它是指动物应与其生活的环境保持相互协调，无论从精神还是生理方面，动物都需要处于完全健康状态[14]。1822年，英国出台第一部关于动物福利的法律《马丁法案》；1850—1876年，法国、美国、英国相继颁布/通过反对虐待动物的《格拉蒙法案》《禁止残酷对待动物法》[15]。多国颁布动物法案使得动物福利制度在世界范围内迅速发展起来，切实保障动物免受伤害。值得一提的是，民间成立了动物保护组织、动物保护协会、禁止残害动物美国协会等，其中，动物保护协会的成立在推动动物福利立法和实施方面起到极大的作用。此外，国际性动物保护公约的制定也起着关键作用，如《保护农畜欧洲公约》《保护屠宰用动物欧洲公约》等为各缔约国的畜牧业生产提出了严格的要求。目前，动物福利指动物要享受基本饮食的自由、拥有舒适的生存环境、享受良好的畜体健康保障福利和心理健康福利、享受行动的自由[16]。动物只有在处于良好的生产条件时，才能生产出优质、安全的畜产品。

与国外畜牧业发展情况相比，我国畜牧业由传统方式向现代化过渡转型较晚。借鉴国外的发展经验，我国在大力发展规模化养殖过程中也需考虑动物福利化水平，以更好地可持续地发展现代畜牧业。动物福利将是畜牧业发展中值得关注的新问题。在此背景下，政府起草《北京市动物卫生条例（征求意见稿）》并征求市民意见，人们呼吁出台《动物福利法》。2007 年《国务院关于促进畜牧业持续健康发展的意见》中指出，健康养殖将是畜牧业发展的主要内容，要加快畜牧业增长方式，转变养殖的方式和观念，加强养殖的畜禽品种、饲草饲料、养殖环境、动物健康等基础工作，大力发展健康养殖。在 2012 年的优质畜牧业科技发展"十二五"专项规划中，将畜禽健康养殖模式与优质安全生产列为主要任务，重点研究健康养殖的关键技术、动物福利技术等。这些政策的制定对于畜产品安全、动物福利等具有深远影响和重要意义。国内学界纷纷围绕提高动物福利和健康、提升生产效益和环境管理水平等举办研讨会，2005 年首次在北京召开"动物福利与肉品安全国际论坛"；2008 年举办了"农场动物福利科学与农业可持续发展国际研讨会"；2017 年 10 月在重庆荣昌召开了"动物环境与福利养殖国际研讨会"。这些研讨会深入交流国际研究前沿，极大地推动了我国动物养殖环境优化和福利化养殖的进程。党的十九大报告中指出，贯彻新发展理念，建设现代化经济体系，为我国的畜牧业发展指明方向，要坚持把创新作为引领畜牧科技发展的第一动力，坚持生态优先、绿色发展，共商畜牧产业健康、绿色、高效、优质发展大计。

畜牧业健康养殖是科学发展观在畜牧领域的具体体现，是建立在动物环境健康、身体健康和相应的心理健康基础之上的。其中，环境健康指动物处于光照条件良好、温度和湿度适宜、微生物群系呈多样性的养殖环境；身体健康指动物具有较强的抗病能力；心理健康指让动物具有自然行为的同时活动自如，没有压抑或者沮丧等心理问题。健康养殖依据动物的生物特征，运用动物营养、生产性能等知识指导生产，实现畜牧业的可持续发展[17]。所以，动物的福利化健康养殖是现代畜牧业发展的必然趋势。

1.1.4　无应激的体尺测量是改善动物福利的有效手段

传统的羊体尺参数是由人工利用皮尺或者测杖等工具直接测量，而体重则是利用磅秤或者电子秤等称量。人工测量中，由于人为因素使得羊体尺参数测量误差大，测量精度低。而且，在测量时，需要让羊站立在某一固定的位置；在称重时，需要将羊蹄绑着放置在磅秤上（图1-1）。这种操作烦琐，误差较大，难以控制测量精度，且人工干预使活体羊容易产生应激反应，降低了羊体的福利化水平，从而影响羊的生产质量。评价羊生长状况的另一种方法是通过人工按压腰椎部的肌肉，根据羊脂肪沉积量估算羊体况得分。通常采用5分制，特别瘦1分，较瘦2分，正常3分，肥胖4

（a）羊体重测量　　　　　　　　（b）羊体尺参数测量

图1-1　人工测量羊体重和体尺参数

分，过肥 5 分[18-19]。该方法也容易使羊产生应激反应，并且评分的人为主观因素较大。

随着科学技术的不断发展，许多新型技术诸如大数据、云平台、物联网、机器视觉等逐渐渗透到农牧业领域，如数字畜牧、精准农业、精准养殖等，使农畜产品实现无损检测和无接触式测量。通过物联网技术、机器视觉，大量获取养殖环境的图像、视频信息，采集动物生长环境的各项环境指标数据，收集动物的采食量和饮水量数据，基于大数据分析建立动物的生产模型，挖掘出动物的生产规律，进而搭建养殖环境的自动化设施，通过网站的形式远程实时调控养殖环境、调节采食量和饮水量、自动清理环境卫生、识别行为异常的动物、预测动物的体重、评估动物的体况得分，为养殖动物提供一个舒适的环境，使管理员能够方便地掌握养殖场的各项环境和生产数据，提高动物的福利化养殖水平[20]。由此可见，物联网和机器视觉为动物福利提供了技术支撑。

将机器视觉和图像处理技术相结合，对图像实施分割预处理，提取羊体轮廓线，寻找体尺测点，再利用机器视觉成像原理将二维的体尺测点转变为三维形式，即可计算羊体的形态参数。同时，基于双目立体视觉技术可重构羊体的三维体型结构。这种方法的最大优点就是可以对羊的体尺参数进行无接触、无应激的测量，并且可预估羊体重，避免与羊体接触引发应激反应，减少人畜共患病，而且可以节省人力和物力，实现羊的健康福利化养殖[21]。

通过非接触式体尺参数的测量、体重预估及体型重构，可以综合评价羊体形态，对羊的精细养殖和种羊选育具有科学的指导价值，对提高养殖效益具有重要意义。

1.2 国内外研究现状

1.2.1 羊体尺参数与体重的研究现状

家畜的体重是评估其生长状况的重要指标，对于肉羊，体重被认为是主要的指标。尽管直接测量羊体重比基于体尺参数估算的体重更准确，但是与测量体重相比，羊体尺参数更易于测量。在设备相对缺乏的农村地区，用体尺参数估计活体体重是非常实用的，具有快速、容易和方便等优点。目前，利用体尺参数线性估算活体羊体重的研究已被报道。白俊艳等[22]利用 SPSS 软件对河南大尾寒羊的体尺参数和体重进行相关性分析，构建体重的回归模型，试验结果表明，大尾寒羊的体高和胸围对其体重的影响较大。康建兵等[23]利用相关和通径分析对贵州白山羊的体尺参数和体重进行研究，试验结果表明，对体重影响较大的体尺参数是胸围和体高。阮红玲等[24]利用 SPSS 软件对 120 只美利奴羊的成年母羊体重与体尺指标进行分析，并建立体重与体高、体斜长、胸围和尻宽的多元一次回归方程，决定系数为 0.704。达布西等[25]研究苏尼特成年母羊的体重与体尺的关系，结果表明，胸围、体长、胸深对母羊体重的影响较显著。热西提·阿不都热依木等[26]探讨成年萨福克母羊体尺与体重的直接和间接影响，结果发现体高、体长和胸围是影响母羊体重的重要体尺指标。Tasdemir 等[27]基于针对荷斯坦牛的图像分析方法，实现体高、臀高、体长、臀宽等参数的测量计算，采用回归法分析体重与体尺参数的关系，建立基于模糊规则的奶牛体重预估模型。P. Zamani 等[28]采用 B-Spline 随机回归模型对 Moghani 羊的体重遗传参数进行估计。Yadwv 等[29]选用 13 个体尺参数数据，基于主成分分析法（principla component analysis，PCA）预估 Madgyal 羊的体重。

张帆等[30]总结了羊体重与体尺参数关系的多元统计分析方法（表 1-1）。

表 1-1 中对体重的预估基本都基于一维体尺数据，同时也有的是基于二维和三维数据对体重估测进行研究。2006 年，杨艳[31]依据贴在猪背的参考矩形计算去除头部和尾部的猪体真实投影面积，以投影面积为自变量建立猪体重的线性回归方程。同年，付为森[32]获取长白猪背部和侧面图像，然后分别获取猪体的背部和侧面轮廓图，将猪的头部和躯干分别近似看作圆锥体和圆柱体，进而建立种猪的三维体重预估模型。Kollis[33]基于单摄像机获取猪体

长、体宽和面积参数，依据这些体尺参数构建体重估测模型。

表 1-1　体尺与体重之间的关系

作者	种类	方法
曾宪昌 (1982)	贵州沿河山羊 (58 头)	利用通径图描述各变量的相互关系，去除相关性小的自变量，基于显著性检验，利用体长和胸围建立预估体重的最优回归方程
梁学武 (2009)	波尔山羊	用 Logisti 对羊的体重进行非线性拟合，构建体重与体高、胸围的二元回归方程
吴平 (2010)	关中奶山羊羔羊	用全回归法（Enter）对羊体重与体尺指标进行回归分析，确定体重与体长、胸围、体高参数之间相关性
韩学平 (2009)	青海欧拉型藏羊	采用逐步回归法对藏羊的指标进行相关分析发现，公羊的体重与体长、管围、尾宽、胸深有关，母羊的体重与体高、体长、胸围、胸深有关，由此可知体重与羊的性别有关
王欣荣 (2011)	甘肃甘南藏族自治州草地型藏羊	采用多元逐步回归法分析体重与体尺的关系发现，公羊的体重与体高、管围、体长有关；母羊的体重与体高、胸围、体长有关

综上所述，大部分研究将胸围引入预测方程中。在养殖场中，体重的增加将是整个养殖过程的最终目标，与体重相关的体尺参数必须予以考虑，体长和体高参数反映杂交繁育的性能。从体尺参数预估的体重可作为基因改良的品种鉴定和选择指标。羊体重与体长、体高、胸围、管围、胸深等参数存在显著的相关性，构建体重与体尺参数的相关方程，在生产实践中可利用此回归方程估测羊体重，同时这些参数可作为选育的依据，还可以揭示出不同性别羊的生长拐点。在生长拐点出现之前加强饲养，可充分发挥羊的生长潜能，提高生产性能。

1.2.2　视觉技术在动物形态参数测量中的应用研究

为适应养殖成本的增加及集约化养殖管理的迫切需求，精准养殖逐渐渗透到动物养殖领域。国内外许多学者利用计算机视觉技术对动物的形态参数进行估测，实现动物的生长监测，便于实现最佳的生产管理。目前，利用计算机视觉技术和图像处理技术获取动物的生长信息成为许多研究者关注的焦点，主要的体尺参数测量集中于牛、猪等领域，测量参数丰富，且测量精度较高。

中国农业大学滕光辉教授研究团队利用计算机视觉技术深入开展活体猪的体尺和体重估算研究。早在 2006 年，杨艳[31]首先采集种猪图像，进行图像预处理以消除光照和噪声对图像的影响，然后用阈值分割算法分割猪体；接着利用图像处理估算出种猪的相关体尺参数；最后，在 LabWindows 平台中构建了基于计算机视觉技术的种猪个体信息识别系统。该系统功能强大，为种猪的现代化饲养管理提供了有效的检测手段。2013 年，刘同海等[34]基于双目立体视觉通过背景减法和去除噪声算法消除背景干扰，采用包络分析法去除猪体的头部和尾部有效识别猪体测点，在 Matlab2010 软件中实现复杂背景下猪体长、臀宽、腹部体宽、肩宽的体尺参数的计算，体长的平均误差较小，而肩宽和臀宽的检测误差较大。预估体重时选择与体重相关性极显著的胸围、体长、体高、臀高、体宽等 5 个体尺参数，通过最近邻聚类算法，构建基于径向基函数（radical basis function，RBF）神经网络的种猪体重估测模型，拟合优度 R^2 达到 0.998。2016 年，李卓等[35]基于双目立体视觉系统获取猪体的深度图像，检测猪只俯视轮廓，采用基于凹陷结构的拐点算法，提取体长、体高、体宽、臀宽的测点并计算，在 LabVIEW 平台上开发猪体尺检测系统。以上研究为猪体的无应激量算体尺提供了新方法，为福利化养殖提供了新思路。

对于牛的研究，利用机器视觉主要从奶牛体况评分、体型评定和参数测量三方面来展开。早在 1996 年，中国农业大学陈顺三[36]对奶牛体型图像信息系统进行深入研究，对图像进行增强、边缘检测等处理，定位打点各特征点，依据各特征点的位置算出奶牛的性状参数。2014 年，冯恬[37]采用双目立体视觉技术获取牛体图像，通过图像处理、特征点提取、特征点匹配，获得视差图进而计算深度值，计算出特征点空间坐标。二维体尺参数则利用欧式距离公式通过比例关系获得，而三维体尺参数采用已知 Bezier 曲线反求控制点，算出控制点之间的距离从而得到曲线长度，以 Qt 跨平台 C＋＋图形用户界面应用程序为开发框架，结合开源的计算机视觉库 OpenCV 构建非接触牛体测量系统，通过测量牛的体高、体斜长、胸围、管围参数，了解牛体各部分生长发育情况和营养状况。2015 年，薛广顺等[38]通过摄像机标定、基于贝叶斯的皮肤检测算法、SIFT 特征点及匹配，基于双目立体视觉原理获得牛体的三维点云数据，计算出牛的体斜长和体高参数，误差精度范围在 4％以内，个别实验误差较大。2016 年，刘卫民[39]结合摄像机标定、奶牛区域图像和轮廓提取、SIFT 特征点提取及匹配等图像处理技术，开展基于双目立体视觉的奶牛体高参数测量的研究，测量绝对误差为 2.96cm。2012 年，刘建飞[40]获取奶牛的正后方图像，进而对图像预处理并建立奶牛尾部图像库，选取具有代表性的图像作为训练图像，利用主成分分析法和 Fisher 线性判别方法从训练图像库中判别出最接近测试图像的体况图像，在一定误差范围内实现奶牛体况的自动评分。2009 年，王立中[41]将机器视觉中特征点提取及匹配、摄像机标定等关键技术运用于奶牛的体型评定，从而获得匹配点的三维坐标数据和奶牛体型参数。2011 年，Sakir Tasdemira 等[27]用数字图像分析方法测定荷斯坦牛的体尺，用回归分析法估算牛的体重。试验过程中安装 4 台摄像机以获取不同方向的荷斯坦牛图像，上方 2 台摄像机（3 和 4）获取牛的臀宽，侧面 2 台摄像机（1 和 2）获取牛的体高、体长和臀高（图 1－2）。首先将牛固定在某一区域，在该区域上方标记 14 个特征点，侧方标记 9 个特征点，采用直接线性变换（direct linear transformation，DLT）计算摄像机参数；通过鼠标选取特征点，计算获得三维坐标。体重是利用体尺参数分别建立线性和非线性的回归方程来估算的，在考虑拟合优度系数 R^2 的同时，还需考虑各参数是否有意义和具有显著性。2013 年，Seong-Jae Jeong 等[42]基于机器视觉技术，利用形态学图像处理算法，测量比目鱼体长、体宽等参数。

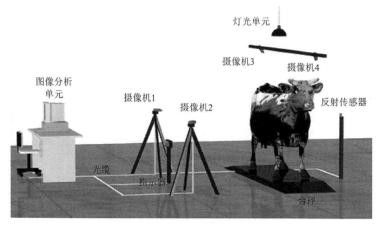

图 1-2　牛体图像采集装置

　　近年来，基于视觉原理的体尺测量方法开始应用于羊体尺测量。2014 年，意大利的 Paolo 等[43]研发估算活体羊（alpagota）体尺和体重的立体视觉系统，通过对实验场景进行标记（4 622 个距离）来获取摄像机的参数，为了减少由羊毛厚度引起的潜在误差，将羊毛剪掉，通过人工标记获得测量特征点，并采用三角测量法及偏最小二乘法获得特征点的三维坐标，实现羊的体高、胸深、体长的测量，羊的体重是通过基于对数变换的偏最小二乘回归模型进行估算，并对比分析测量结果与真实值。2015 年，A. Vieira 等[44]开发奶山羊（萨能山羊和阿尔卑斯山羊）的视觉体况得分系统，将山羊体况分为 3 类：非常瘦、正常和非常胖。首先，根据羊的胸骨区域（4 个）和臀部区域（8 个）的测量值确定研究区域（图 1-3），发现臀部区域有较高的修正决定系数（adjusted R^2：0.88），所以将臀部区域作为研究对象；其次，通过标记羊的臀部区域，提取标记点的特征，并将参考特征点对齐到模板参考特征点，计算出投影变换矩阵，将投影矩阵应用于保留的特征点，使得羊臀部区域和模板位于同一平面，计算出臀部的体尺参数，并设定体况分阈值，可利用逐步线性回归评估羊的体况得分；最后，采集 94 只羊数据验证检测结果。该系统不仅可用于自动化实践，还可广泛应用于福利评估项目和农场管理中。

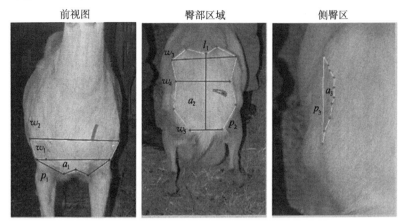

图 1-3　羊体研究区域

a_1. 胸骨面积；p_1. 胸骨周长；w_1. 第五根肋骨较小宽度；w_2. 肩胛骨较大宽度；
w_3. 臀宽；w_4. 臀部区域较小宽度；w_5. 坐骨结节宽度；l_1. 尾部长度；a_2. 尾部面积；
p_2. 尾部周长；a_3. 侧臀区横向虚拟面积；p_3. 侧臀区横向虚拟周长

　　Khojastehkey 等[45]在白色背景下采集羊体图像，通过图像预处理、二值化、图像亮度调节、形态学处理，提取出去除四肢、头部、颈部后的躯干二值图像，进而计算羊体主体区域的面积、周长、长轴长度和短轴长度，实现基于图像处理技术的新生羔羊体尺参数估测，以确定羊肉尺寸。

　　2014 年，内蒙古科技大学江杰等[46]基于单目摄像机结合灰度背景差分法和色度不变原理，从复杂环境中检测羊体，借助栅格法提取羊体包络线，获取羊的臀部测点、肩胛测点、前蹄测点和后蹄测点，再利用空间分辨率计算出羊体尺参数。而朱林[47]基于嵌入式机器视觉构建草原牧场羊体体征测量系统（图 1-4）。系统中引入便携式嵌入式 Linux 实施操作系统平台，并调用开源计算机视觉库 OpenCV 处理图像，搜寻体征特征点计算羊体长、体高、臀高等数据，该系统测量的相对误差不超过 3%。2015 年，赵建敏[48]采用 Kinect 传感器同时采集羊体彩色图像和深度图像，两种图像相结合提取羊体轮廓，在 VS2010 软件中搭建测量系统，计算出羊体尺数据，相对误差小于 4.3%。

图 1-4 羊体尺测量装置

2017 年，内蒙古农业大学机电学院张丽娜开展了基于跨视角机器视觉的羊体尺参数的测量研究，利用 3 个单目摄像机分别获取羊体的侧视图和俯视图（图 1-5），羊体侧面放置 2 台摄像机，目的是让羊体两侧数据有较好的互补特性，减小测量误差。拍摄时将羊引导至围栏处采集图像，采用简单线性迭代聚类算法（simple linear iterative clustering，SLIC）和模糊 C 均值算法（fuzzy c-means，FCM）消除图像背景，检测出羊体侧面区域和背部区域，依据区域划分和骨架提取方法分别寻找侧面和背部的体尺测点，再利用空间分辨率测算出这些测点对应的羊体高、体长和体宽等参数，并构建基于支持向量机的体重预估模型[49]。

综合上述文献，国内已经对牛和猪开展研究，技术相对成熟；对羊体尺测量多采用单目视觉，无法保证每幅图像都是羊体形态的正投影，会给后续测量与分析带来不可避免的误差。而双目立体视觉测量是数字图像三维测量中非常有潜力的方法，具有快速性和准确性，并能真实再现物体的三维结构，可利用双目立体视觉技术对羊体尺参数实施测量。

（a）左视图及其体尺测点

（b）右视图及其体尺测点

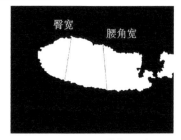
（c）俯视图及其体尺测点

图 1-5　羊只轮廓及其体尺测点

1.2.3　动物三维模型构建技术的研究

如今，随着信息科学技术的快速发展，许多新的概念和理论相继被提出，例如三维模拟、虚拟现实、实物重构等，人们的认识也从二维平面空间慢慢转向三维立体空间。在二维图像中许多形状特征是不能被提取的；而从三维图像中可以提取截面面积、体积等三维数据。在衡量动物总体健康状况时，体型也扮演着重要的角色。三维形状的物体测量可能会量化身体结构中生长、饮食、遗传特性、健康和姿态的影响。重构动物的三维模型无论对于饲养还是对于动物增重均起到重要作用。

上述体尺参数和体重的研究是基于动物生长特征的二维图像，通过图像分析，提取动物的体长、体高、臀高、臀宽等体尺参数，并估测动物的体重等生长数据。经查阅文献，三维的体尺参数与体重存在显著相关性。同时，物体的三维结构可以更直观、清楚地呈现出动物体型。近年来，三维模型的构建成为计算机视觉领域的研究热点，被广泛地应用于诸多领域，例如工件建模、植物形态建模、动物体型建模、医学图像重构等。依据数据获取方式的不同，三维模型重构可分为主动方式和被动方式。

主动方式属于逆向工程，是对复杂外形曲面有很好适应性的工程反求计算，具有快速、精确地获取实物三维几何数据信息的优点，且不受光照条件影响。它是利用三维激光扫描仪获取场景中的大量点云数据进行三维重构及量算，应用范围越来越广泛。刘同海等[50]利用 Vivid 910 型非接触三维扫描仪获取猪体点云数据，通过 Polygon Editing Tool Vel. 2. 40 软件预处理点云数据，利用 Delaunay 重构猪体三维曲面，从而提取猪体尺参数。李世武等[51]利用 3D SCANNER 扫描仪获取单个牛蹄表面的点云数据，利用逆向工程软件 Surfacer 进行去除噪声、光滑、拼接等点云预处理，重构三维牛蹄几何模型。张炳超等[52]利用 Sense 3D 激光扫描仪采集番木瓜的点云数据，通过 Sense 软件预处理点云数据，运用 Geomagic Studio 软件三角网格化点云数据，创建栅格并拟合非均匀有理 B 样条函数（non-uniform rational B-spline，NURBS）曲面，重建番木瓜三维表面。

被动方式为基于二维图像，利用计算机视觉技术实现三维重建。根据重构所需视图，可分为单视图、双视图和多视图，相对应的是单目视觉、双目立体视觉和多目立体视觉。单目视觉是以单幅图像实现重构，需要用户的参与，提供图像特征点及其三维点的几何信息，但从二维场景中恢复三维结构存在丢失或不确定的信息，通常也对重构场景有限制，如建筑物场景、人造场景等[53]。闫霖[54]研究对单幅透视影像中建筑物由平面构成的部分进行三维重建。王红伟[55]研究基于单目视觉序列图像的三维重建，并检测场景中的障碍物，后来研究团队利用单目视觉检测倒车、停车时的障碍物。高欣健等[56]利用单幅灰度图像，提出融合阴影恢复形状数据与旋转对称激光三角传感器数据的快速三维重建方法。Erick

Delage 等[57]基于动态贝叶斯网络模型对单幅室内场景进行三维重构。Ashutosh 等[58]利用马尔科夫随机场（markov random field，MRF）从单幅静态图像中重构三维场景。

双目立体视觉的基本原理是用两台摄像机从不同的角度同时拍摄同一物体，获取目标物体的一组立体图像对，计算空间点在立体图像对中的视差，恢复空间点的三维坐标信息。多目立体视觉是利用多幅二维图像来恢复空间物体的几何信息。双目立体视觉和多目立体视觉统称为立体视觉。完整的立体视觉系统包含六个部分，分别是图像获取、图像预处理、特征提取、摄像机标定、立体匹配、三维重建。近来学者们针对立体视觉在农业领域的应用开展了大量的研究工作，并实现物体的三维重构。例如，王传宇等[59]基于双目立体视觉技术，通过平面模板法摄像机标定，利用照射结构光测量玉米叶片边缘和叶脉点的三维坐标，用三角面片化差值构建部分玉米叶片的三维曲面，拼接各部分三维曲面从而形成完整的玉米叶片。殷小舟等[60]利用 Chatterjee 方法进行摄像机标定，采用区域相关匹配算法对获取的图像对进行匹配，利用三角剖分法重建花卉的立体曲面。翟志强等[61]基于双目立体视觉，运用加权平均法灰度化图像，对图像进行 Rank 变换，采用归一化绝对差和函数获取视差图，生成三维点云图，从而重建棉田三维场景。杨亮等[62]提出基于多视图重构黄瓜叶片，提取黄瓜叶片的边缘轮廓和特征点，采用极线约束和尺度不变特征变换的描述算子匹配特征点，从而获取特征点的三维坐标；再利用 B 样条曲线特征点，拟合叶片边缘和中脉，采用 Delaunay 三角化网格化重构黄瓜叶片三维形态。Wu 等[63]利用六个高分辨率的摄像机获取猪体的背部、尾部和侧面多幅视图，开发重构活体猪的三维形状的立体成像系统。闫震等[64]应用三个 CCD 彩色摄像机同步采集奶牛的三维图像，经图像预处理、特征点识别、参照物识别、性状参数分析以判定牛的等级。

为了获得更好的重构效果，取长补短，许多学者将三维扫描仪与摄像机图像融合实现三维重构。Joung 等[65]采用改进的颜色 ICP 算法，融合摄像机和三维激光测距仪实现室外场景的三维重构。Klimentjew 等[66]利用由激光扫描、移动机器人和摄像机构成的多源信息融合系统，实现目标物体的三维重构。张勤[67]等提出利用单目视觉实现室内场景的三维重建，采用云台和二维激光测距仪组合成三维激光扫描仪，分别采集室内场景的激光深度信息和二维图像信息，再将二者进行像素级融合，构建真实的三维场景模型。

1.3 研究内容和技术路线

1.3.1 研究目标和内容

笔者团队借助于先进的计算机视觉技术，采用图像处理技术和统计分析方法，开展基于双目立体视觉技术的羊体尺参数的无接触式测量研究；通过研究羊体图像分割、羊体测点识别及特征点匹配，以期进一步提高羊体尺参数的精确度，实现羊体三维重构，即羊的数字化模型展示，并为动物体型、健康养殖评价提供新方法；同时，该研究可为高效准确地记录羊的生长情况、体型体态奠定扎实的基础。主要开展的研究内容如下：

（1）羊体重与体尺参数之间的关系 根据羊体尺参数与体重的研究现状，主要测量的羊体尺参数有体高、臀高、体长、体深、胸围、管围（图1-6）。

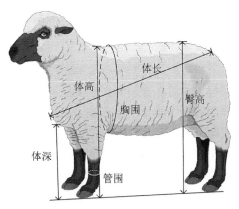

图1-6 羊的体尺参数示意图

利用统计分析、多元线性回归、神经网络模型等方法，分析体尺参数之间的相关性，消除各参数之间的共线问题，并确定羊体重的主要体尺指标，及体尺参数对体重的直接和间接的决策程度。

（2）在复杂养殖环境背景下，研究羊体图像的分割方法，羊体轮廓提取方法　利用图像处理方法，通过图像预处理、图像背景去噪、目标分割、图像边缘检测、边界跟踪，实现目标与背景的分割，将羊体从图像中准确分割出来。

（3）研究体尺参数测点识别　根据提取的目标轮廓，通过分析羊形体特征，研究利用局部区域最大曲率以及考察测点的属性和相对位置来检测测点。

（4）羊体特征点匹配　因羊体表面不光滑，且存在不规则纹理，所以需提取具有不变特性的特征。特征匹配是在左、右图像中寻找同名特征点，为了能快速、准确地搜索到同名点，特征点匹配将是研究的重点之一。

（5）羊体尺数据的测量方法　利用双目立体视觉获取立体图像对，通过标定板图像实现摄像机标定，即获取摄像机的内外参数。根据测点匹配，获得羊体测点的三维坐标，利用欧式距离计算体长、点到直线的距离计算体高和臀高。

（6）研究不同方式的羊体三维重构方法　基于被动式双目立体视觉技术和主动式的激光扫描重构三维模型，并提取羊体尺参数，分析不同途径下体尺参数检测的精度。

1.3.2　存在问题

根据研究目标及内容，在研究过程中主要解决下列关键问题：

（1）复杂养殖背景中羊体信息识别　在真实的养殖环境中，由于受到光照、其他个体、环境的影响，采集的羊体图像背景比较复杂（图1-7）。从图中可知，羊体、地面、玉米秸秆三者的颜色非常相似，所以不能依据颜色信息来实现羊体图像分割。光照使得图像整体的亮度不均匀，羊体背部区域光照过于强烈，而羊体的四肢区域较暗，同时地面上还产生阴影区域；加之受羊体表的纹理及地面纹理的影响，灰度处理、纹理分割算法也难以将其分割。所以，针对真实场景中采集的羊体图像需要深入研究羊体图像分割算法，准确地识别羊体目标，提高分割的高效性和准确性。

图 1-7 羊体图像

（2）羊体测点寻找及特征点匹配问题　羊体测点即羊体尺参数的特征点，特征匹配是寻找一幅立体图像对中的特征点的对应关系。经过摄像机标定、特征的提取与匹配，可计算特征点的三维坐标，从而进行羊体尺参数的计算。因此，羊体测点能否准确地检测、匹配，对后续的体尺参数计算起着极为关键的作用。而羊体毛在分割时不能获得光滑的羊体轮廓线，所以难以准确地识别测点。

同时，获取的羊图像受到光照、背景噪声或者摄像机成像过程中视角改变等影响，产生图像畸变，加之羊体纹理的复杂性，带来特征点匹配困难问题。为了解决上述困难，匹配算法一般需要考虑如何选取图像特征、相似度的度量和图像匹配变化类型等问题。图像匹配的算法大体可以分为基于窗口和基于特征的匹配算法。考虑到窗口的大小和形状难以掌握，对光照和对比度较敏感，计算量大，运算速度慢，对无纹理区域相关函数变化不明显等因素，拟选用基于特征的匹配算法。为了提高匹配效率，笔者团队采用基于极线约束的特征匹配，将匹配点的范围缩小到一条直线上。

（3）羊体三维重构　通过特征点提取与匹配，可获取稀疏点云数据，但是利用稀疏点云数据重构的羊模型不标准。通过点云插值运算将稀疏点云转换为稠密点云，实现被动式羊体三维重构。同时，基于主动式三维扫描仪获取到海量羊体点云数据，为了方便后续处理点云数据，需精简海量点云数据，以便快速、准确地实现羊体三维重构。

1.3.3 技术路线

技术路线见图 1-8。

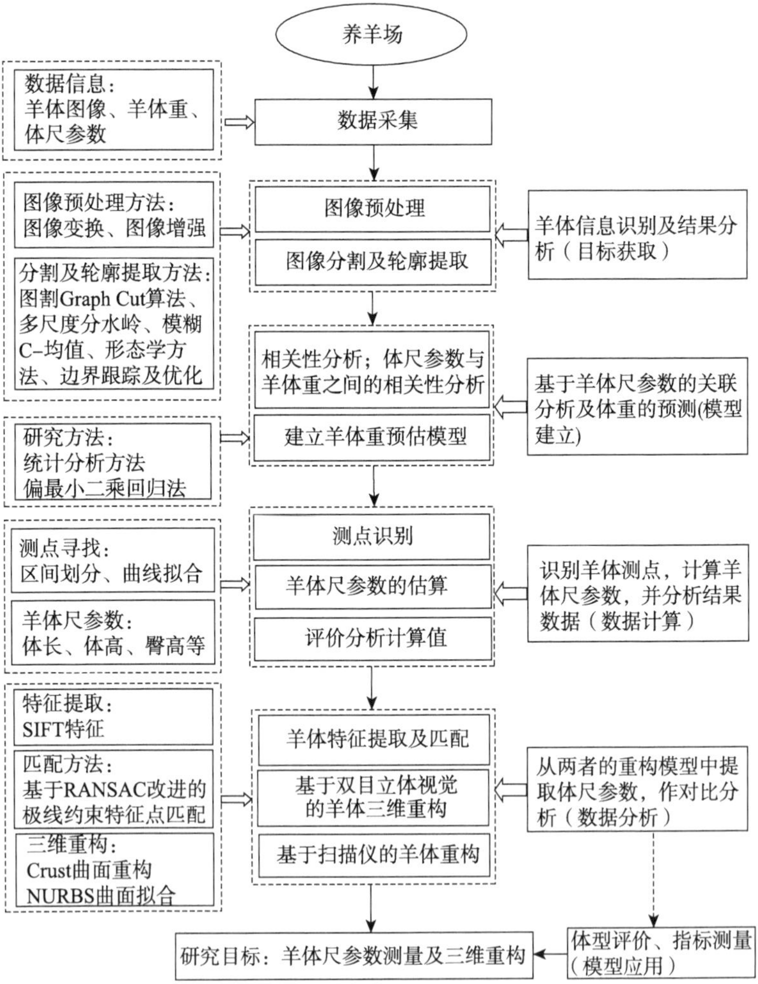

图 1-8 技术路线

2 双目立体视觉的基本理论与摄像机标定

本章主要介绍与研究相关的双目立体视觉的基础理论、基本概念，以及摄像机标定算法。按照摄像机成像原理，将二维图像点通过双目立体视觉系统还原为三维的空间点，需要引入 4 个坐标系、基础矩阵、单应性矩阵等概念。

2.1 相机透视投影模型

相机透视投影模型描述如何将三维空间点通过透镜投影到二维平面中。在双目立体视觉系统中包含 4 个坐标系，它们分别是计算机图像坐标系 uv、图像坐标系 Oxy、摄像机坐标系 $O_c x_c y_c z_c$ 和世界坐标系 $O_w x_w y_w z_w$，关系如图 2-1 所示。

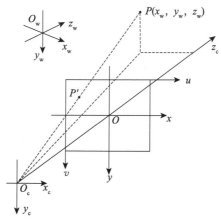

图 2-1　摄像机成像几何关系

　　CCD摄像机获取的数字图像在计算机内以离散的方式表示，所在坐标系为计算机图像坐标系 uv，图像左上角为原点，单位为像素。RGB彩色图像的每一像素拥有3个分量，该图像则存储于 $M \times N \times 3$ 的多维数组中；灰度图像则存储在 $M \times N$ 的数组中。数组中的值表示该位置处的亮度，也称灰度值，M 和 N 分别表示图像的行数与列数。由于该坐标系无法描述像素点在图像中的位置，所以需转换为物理单位，即图像坐标系 Oxy（图2-2）。该坐标系的 x 轴、y 轴分别平行于计算机图像坐标系的 u 轴、v 轴，原点 O 为摄像机光轴与成像平面的交点，一般处于计算机图像坐标系的中心。但是由于摄像机的镜头存在畸变，所以实际原点 O 与理想值存在偏差。假设用 dx 和 dy 来描述每一个像素在图像坐标系 x 轴、y 轴方向的物理大小，则依据线性模型，得到计算机图像坐标和图像坐标的变换公式（1），并将其转换为矩阵的表示形式。

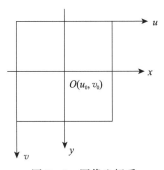

图2-2　图像坐标系

$$\begin{cases} u = \dfrac{x}{dx} + u_0 \\ v = \dfrac{y}{dy} + v_0 \end{cases} \Rightarrow \begin{bmatrix} u \\ v \\ 1 \end{bmatrix} = \begin{bmatrix} \dfrac{1}{dx} & 0 & u_0 \\ 0 & \dfrac{1}{dy} & v_0 \\ 0 & 0 & 1 \end{bmatrix} \begin{bmatrix} x \\ y \\ 1 \end{bmatrix} \quad (1)$$

　　摄像机坐标系是以光心 O_c 为原点，z_c 为摄像机的光轴，且垂直成像平面，x_c、y_c 轴分别与图像坐标系的 x 轴、y 轴平行。图

像坐标系原点 O 到光心 O_c 的距离称为摄像机焦距，用 f 表示。在采集图像时，用于描述三维场景和摄像机之间的关系位置，称为世界坐标系 $O_w x_w y_w z_w$，它可以依据实际场景而任意选择。图 2-1 中的空间中点 P（x_w，y_w，z_w）在摄像机坐标系下的坐标为（x_c，y_c，z_c），则二者的关系可用 3×3 的旋转矩阵 $\boldsymbol{R}$ 和 3×1 的平移向量 $\boldsymbol{T}$ 来描述，如公式（2）。

$$\begin{bmatrix} x_c \\ y_c \\ z_c \\ 1 \end{bmatrix} = \begin{bmatrix} \boldsymbol{R} & \boldsymbol{T} \\ \boldsymbol{0}^{\mathrm{T}} & 1 \end{bmatrix} \begin{bmatrix} x_w \\ y_w \\ z_w \\ 1 \end{bmatrix} \qquad (2)$$

摄像机成像几何是指空间中的点与图像上像素点的直接关系。摄像机成像模型可分为线性和非线性模型。理想情况下，透视投影的成像模型是针孔模型（图 2-3），即点 P、针孔和像点 P' 三点共线，针孔和物点 P 的连线与成像平面的交点即像点，物点与像点是唯一对应的；反之，则不成立。所以，在双目立体视觉中，采用两幅图像来获取场景三维信息。

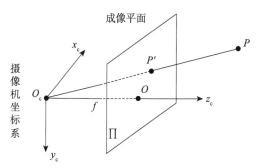

图 2-3　小孔成像模型

设点 P 的图像坐标为（x，y），通过线性模型的几何比例关系，点 P 的摄像机坐标（x_c，y_c，z_c）与图像坐标（x，y）的关系如公式（3）。

$$\begin{cases} x = f\dfrac{x_c}{z_c} \\ y = f\dfrac{y_c}{z_c} \end{cases} \Rightarrow z_c \begin{bmatrix} x \\ y \\ 1 \end{bmatrix} = \begin{bmatrix} f & 0 & 0 & 0 \\ 0 & f & 0 & 0 \\ 0 & 0 & 1 & 0 \end{bmatrix} \begin{bmatrix} x_c \\ y_c \\ z_c \\ 1 \end{bmatrix} \qquad (3)$$

由公式（1）（2）（3）可以得到三维空间点 P 与其投影点 P' 的计算机图像坐标（u，v）之间的关系，如公式（4）所示。

$$\begin{aligned}
z_c \begin{bmatrix} u \\ v \\ 1 \end{bmatrix} &= \begin{bmatrix} \dfrac{1}{dx} & 0 & u_0 \\ 0 & \dfrac{1}{dy} & v_0 \\ 0 & 0 & 1 \end{bmatrix} \begin{bmatrix} f & 0 & 0 & 0 \\ 0 & f & 0 & 0 \\ 0 & 0 & 1 & 0 \end{bmatrix} \begin{bmatrix} \mathbf{R} & \mathbf{T} \\ \mathbf{0}^{\mathrm{T}} & 1 \end{bmatrix} \begin{bmatrix} x_w \\ y_w \\ z_w \\ 1 \end{bmatrix} \\[2mm]
&= \begin{bmatrix} \dfrac{f}{dx} & 0 & u_0 & 0 \\ 0 & \dfrac{f}{dy} & v_0 & 0 \\ 0 & 0 & 1 & 0 \end{bmatrix} \begin{bmatrix} \mathbf{R} & \mathbf{T} \\ \mathbf{0}^{\mathrm{T}} & 1 \end{bmatrix} \begin{bmatrix} x_w \\ y_w \\ z_w \\ 1 \end{bmatrix} \\[2mm]
&= \begin{bmatrix} f_x & s & u_0 & 0 \\ 0 & f_y & v_0 & 0 \\ 0 & 0 & 1 & 0 \end{bmatrix} \begin{bmatrix} \mathbf{R} & \mathbf{T} \\ \mathbf{0}^{\mathrm{T}} & 1 \end{bmatrix} \begin{bmatrix} x_w \\ y_w \\ z_w \\ 1 \end{bmatrix} \\[2mm]
&= \mathbf{A}_1 \mathbf{M}_2 \begin{bmatrix} x_w \\ y_w \\ z_w \\ 1 \end{bmatrix} = \mathbf{M} \begin{bmatrix} x_w \\ y_w \\ z_w \\ 1 \end{bmatrix} \qquad (4)
\end{aligned}$$

公式（4）中，$f_x = f/dx$ 和 $f_y = f/dy$ 分别表示摄像机在水平和垂直方向的焦距，也称尺度因子；s 是图像坐标系中水平方向 x 轴与垂直方向 y 轴的不垂直因子，用于描述倾斜程度；（u_0，v_0）为图像坐标系的中心；f_x、f_y、s、u_0、v_0 参数与摄像机自身相关，即摄像机内部参数，用 $\mathbf{A}_1$ 表示。描述摄像机坐标系与世界坐标系的相对位置变换关系为旋转矩阵 $\mathbf{R}$ 和平移向量 $\mathbf{T}$，这两个参数称为摄像机外部参数，用 M_2 表示，参数 A_1 和 M_2 统称为投影矩阵 M。

由公式（4）可知，如果摄像机的内部参数 A_1、外部参数 M_2 和空间坐标点 P 均已知，那么可以获得点 P 对应的图像坐标点。反之，如果已知摄像机内部参数 A_1、外部参数 M_2 和图像点 P'，则不能计算出点 P 的世界坐标，因为内部参数和外部参数组成的投影矩阵不可逆。依公式（4）可给出 3 个方程，消去 z_c，剩下 2 个关于空间点 P 的线性方程，这 2 个方程表示射线 O_cP，即在射线 O_cP 上的所有空间点投影之后在图像中的点均为 P'。当采用两个横向平行放置的摄像机，如果已知空间点 P 在两幅图像中的投影点坐标、摄像机内部参数、摄像机外部参数，则依据公式（4）分别求得两条射线，其射线的交点就是空间点 P。

现实生活中 CCD 摄像机镜头都不是理想的针孔模型，都有着不同程度的畸变，所以线性模型无法正确地表达成像几何关系，成像过程不满足透视投影，使得空间点 P 所成的像 P' 受到镜头畸变而发生偏移，变为 P_1'（图 2 - 4），用公式（5）来描述非线性畸变。

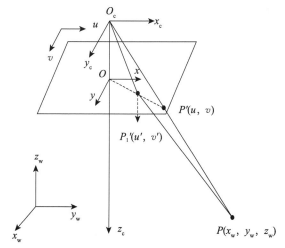

图 2-4 非线性成像模型

$$\begin{cases} u = u' + \delta_u = u' + \Delta ru' + \Delta du' + \Delta pu' \\ v = v' + \delta_v = v' + \Delta rv' + \Delta dv' + \Delta pu' \end{cases} \quad (5)$$

其中，(u, v) 为针孔模型获得的理想图像坐标，(u', v') 为实际图像点坐标，δ_u 和 δ_v 为畸变修正量，分别包括径向畸变 Δr、切向畸变 Δd 和薄棱镜畸变 Δp。

镜头的径向畸变和切向畸变见图 2-5。图 2-5a 中 A 点为理想位置点，B 点为实际像点位置，从 A 点往 B 点的径向偏移距离 d_r 为径向畸变，具有光轴对称性质，包含两种偏移方式。若变形量为负，向中心移动，为桶形畸变；反之，偏离中心，则为枕形畸变。从 A 点往 B 点的切向偏移距离 d_t 为切向畸变。

通常，用径向畸变的前两项描述畸变，所以其数学模型可用公式 (6) 来表示，其中，k_1 和 k_2 为畸变因子。

$$\begin{cases} \Delta ru' = u'[k_1(u'^2 + v'^2) + k_2(u'^2 + v'^2)^2] \\ \Delta rv' = v'[k_1(u'^2 + v'^2) + k_2(u'^2 + v'^2)^2] \end{cases} \quad (6)$$

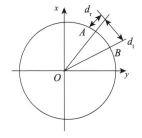 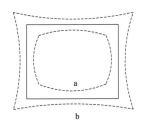

（a）径向和切向畸变　　　（b）桶形畸变曲线a和枕形畸变曲线b

图 2-5　畸变示意图

切向畸变包含离心和薄棱镜畸变。离心畸变是在摄像机的装配过程中由于误差引起多个镜头的光轴不能完全重合，其数学模型可表示为公式 (7)，p_1 和 p_2 为离心畸变因子。

$$\begin{cases} \Delta du' = 2p_2 u'v' + p_1(3u'^2 + v'^2) \\ \Delta dv' = 2p_1 u'v' + p_2(u'^2 + 3v'^2) \end{cases} \quad (7)$$

薄棱镜畸变是在镜头的制造、加工过程中所产生的。这种畸是无法避免的，其数学模型可表示为公式（8），s_1 和 s_2 为薄棱镜畸变系数。

$$\begin{cases} \Delta pu' = s_1(u'^2 + v'^2) \\ \Delta pv' = s_2(u'^2 + v'^2) \end{cases} \quad (8)$$

一般情况下，在线性模型的基础上，引入径向畸变就可以描述镜头的非线性模型对相机成像的影响[68]。对于广角镜头，需要引入切向畸变和薄棱镜畸变，以提高解的精度[69]。而在本书中，为了获得满足高精度的测量结果，同时引入径向畸变和切向畸变，且仅考虑 2 个畸变因子，那么畸变公式（5）可简化为公式（9）。

$$\begin{cases} u = u'(1 + k_1 r^2 + k_2 r^4) + 2p_2 u'v' + p_1(3u'^2 + v'^2) \\ v = v'(1 + k_1 r^2 + k_2 r^4) + 2p_1 u'v' + p_2(u'^2 + 3v'^2) \end{cases}$$

$$(9)$$

其中，$r^2 = u'^2 + v'^2$。

2.2　双目立体视觉原理

人的双眼在观察物体时，大脑会自然产生物体的深度信息。双目立体视觉测量原理就是模拟人的视觉，用两台摄像机从不同的角度同时拍摄同一物体，获取目标物体的两幅图像，通过计算机空间点在两幅图像中的视差，获得该点的三维坐标值。

双目立体视觉成像原理见图 2-6，其中包含相机透视投影模型中的 4 个坐标系，即世界坐标系 $O_w x_w y_w z_w$，摄像机坐标系 $O_c x_c y_c z_c$，图像坐标系 Oxy，计算机图像坐标系 uv。假设点 P 为世界坐标系中的任意一点，O_{C_1} 和 O_{C_2} 为两个摄像机 C_1 和 C_2 的光心，点 P 在两摄像机的投影点分别是 P_1 和 P_2，O_{C_1}、P_1 和 P 三点共线，O_{C_2}、P_2 和 P 三点共线。从图 2-6 中可知，空间中的每一个点与成像平面有一条投射光线，如射线 $O_{C_1} P_1$ 和 $O_{C_2} P_2$，点 P 为两射线的交点。由此，空间点 P 的位置是唯一确定的。

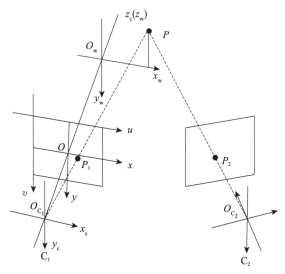

图 2-6 双目立体视觉成像原理

令世界坐标系下点 P 的坐标为 (x_w, y_w, z_w)，其投影点 P_1 和 P_2 的计算机图像坐标分别为 (u_1, v_1)、(u_r, v_r)，单位为像素。将左右摄像机统一到同一世界坐标系下，假设左摄像机坐标系为双目立体视觉测量系统中的世界坐标系，左摄像机的光心为世界坐标原点。设左、右摄像机 C_1 和 C_2 内部参数矩阵分别为 $\boldsymbol{A}_1$ 和 $\boldsymbol{A}_r$。

$$\boldsymbol{A}_1 = \begin{bmatrix} f_x & s & u_{1_0} \\ 0 & f_y & v_{1_0} \\ 0 & 0 & 1 \end{bmatrix} \quad \boldsymbol{A}_r = \begin{bmatrix} f_x & s & u_{r_0} \\ 0 & f_y & v_{r_0} \\ 0 & 0 & 1 \end{bmatrix}$$

世界坐标上的点 P 和其投影点 P_1 和 P_2 的变换关系如公式 (10) 和 (11)。

$$z_1 \times \begin{bmatrix} u_1 \\ v_1 \\ 1 \end{bmatrix} = \boldsymbol{M}_1 \times \begin{bmatrix} x_w \\ y_w \\ z_w \\ 1 \end{bmatrix} = \begin{bmatrix} \boldsymbol{A}_1 & 0 \end{bmatrix} \times \begin{bmatrix} x_w \\ y_w \\ z_w \\ 1 \end{bmatrix} \tag{10}$$

$$z_r \times \begin{bmatrix} u_r \\ v_r \\ 1 \end{bmatrix} = \boldsymbol{M}_r \times \begin{bmatrix} x_w \\ y_w \\ z_w \\ 1 \end{bmatrix} = \boldsymbol{A}_r \times \begin{bmatrix} \boldsymbol{R} & \boldsymbol{T} \end{bmatrix} \times \begin{bmatrix} x_w \\ y_w \\ z_w \\ 1 \end{bmatrix} \quad (11)$$

其中，$\boldsymbol{M}_1$、$\boldsymbol{M}_r$ 是左右摄像机的投影矩阵；$\boldsymbol{R}$ 和 $\boldsymbol{T}$ 为摄像机的外部参数。令

$$\boldsymbol{M}_1 = \begin{bmatrix} m_{l11} & m_{l12} & m_{l13} & m_{l14} \\ m_{l21} & m_{l22} & m_{l23} & m_{l24} \\ m_{l31} & m_{l32} & m_{l33} & m_{l34} \end{bmatrix} \quad \boldsymbol{M}_r = \begin{bmatrix} m_{r11} & m_{r12} & m_{r13} & m_{r14} \\ m_{r21} & m_{r22} & m_{r23} & m_{r24} \\ m_{r31} & m_{r32} & m_{r33} & m_{r34} \end{bmatrix}$$

将 $\boldsymbol{M}_1$ 和 $\boldsymbol{M}_r$ 带入公式（10）和（11）中展开并分别消去 z_1 和 z_r，可得

$$(u_1 m_{l31} - m_{l11})x_w + (u_1 m_{l32} - m_{l12})y_w + (u_1 m_{l33} - m_{l13})z_w$$
$$= m_{l14} - u_1 m_{l34}$$
$$(v_1 m_{l31} - m_{l21})x_w + (v_1 m_{l32} - m_{l22})y_w + (v_1 m_{l33} - m_{l23})z_w$$
$$= m_{l24} - v_1 m_{l34}$$
$$(u_2 m_{r31} - m_{r11})x_w + (u_2 m_{r32} - m_{r12})y_w + (u_2 m_{r33} - m_{r13})z_w$$
$$= m_{r14} - u_2 m_{r34}$$
$$(v_2 m_{r31} - m_{r21})x_w + (v_2 m_{r32} - m_{r22})y_w + (v_2 m_{r33} - m_{r23})z_w$$
$$= m_{r24} - v_2 m_{r34} \quad (12)$$

取

$$\boldsymbol{M} = \begin{bmatrix} u_1 m_{l31} - m_{l11} & u_1 m_{l32} - m_{l12} & u_1 m_{l33} - m_{l13} \\ v_1 m_{l31} - m_{l21} & v_1 m_{l32} - m_{l22} & v_1 m_{l33} - m_{l23} \\ u_2 m_{r31} - m_{r11} & u_2 m_{r32} - m_{r12} & u_2 m_{r33} - m_{r13} \\ v_2 m_{r31} - m_{r21} & v_2 m_{r32} - m_{r22} & v_2 m_{r33} - m_{r23} \end{bmatrix}$$

$$\boldsymbol{U} = \begin{bmatrix} m_{l14} - u_1 m_{l34} \\ m_{l24} - v_1 m_{l34} \\ m_{r14} - u_2 m_{r34} \\ m_{r24} - v_2 m_{r34} \end{bmatrix}$$

可得公式（13）

$$\boldsymbol{M} \times [x_{\mathrm{w}}, \ y_{\mathrm{w}}, \ z_{\mathrm{w}}]' = \boldsymbol{U} \qquad (13)$$

对公式（13）采用最小二乘法，即可计算空间目标点 P 的三维坐标。

$$\begin{bmatrix} x_{\mathrm{w}} \\ y_{\mathrm{w}} \\ z_{\mathrm{w}} \end{bmatrix} = (\boldsymbol{M}' \times \boldsymbol{M})^{-1} \times \boldsymbol{M}' \times \boldsymbol{U} \qquad (14)$$

从上述公式可知，需要求出单个摄像机的内外参数，然后求取双目摄像机的投影矩阵，接着寻找左图像中的点所匹配的右图像的点，再分别带入公式（10）和（11）中，将方程转化为矩阵相乘，采用公式（14）计算空间点 P 在以左摄像机坐标系为世界坐标系下的三维坐标。在此，摄像机标定和特征点匹配是获取空间点三维坐标的关键步骤。

2.3 摄像机标定

从 2.2 节双目立体视觉原理可知，要想获取空间点的三维坐标，必须计算摄像机的内部参数和外部参数。在双目立体视觉中，摄像机参数的精度直接影响后续测量的准确性。摄像机标定是根据标定板上特征点的图像坐标和空间坐标，通过这两个坐标系的变换关系，从而标定摄像机参数，其中，包含线性参数和非线性参数（表 2-1）。

表 2-1 摄像机标定参数

参数	表达式
内参	$\boldsymbol{A} = \begin{bmatrix} f_x & s & u_0 \\ 0 & f_y & v_0 \\ 0 & 0 & 1 \end{bmatrix}$
径向畸变、切向畸变	$k_1 \quad k_2 \quad p_1 \quad p_2$

（续）

参数	表达式
外参	$\boldsymbol{R} = \begin{bmatrix} r_{11} & r_{12} & r_{13} \\ r_{21} & r_{22} & r_{23} \\ r_{31} & r_{32} & r_{33} \end{bmatrix}$ $\boldsymbol{T} = \begin{bmatrix} t_x \\ t_y \\ t_z \end{bmatrix}$

目前，对摄像机标定已提出很多方法，包含传统标定方法、自标定和基于主动视觉的标定方法。传统的标定方法借助于参照物，通过已知参照物中点的空间坐标和图像坐标，根据它们之间的约束关系而求解摄像机参数。经典的传统标定算法为 Tsai 提出的基于径向一致约束（radial alignment constraint，RAC）的标定方法，精度高，复杂性低，但仅考虑摄像机的径向畸变[70]。自标定方法不需要标定板，仅利用摄像机运动约束或者场景约束来实现标定。该方法比较灵活，应用范围广，但是精度不高、鲁棒性差[71]。基于主动视觉的方法同样不需要标定参照物，但是需要知道摄像机的运动信息，鲁棒性高，摄像机成本也高[72]。介于传统的标定方法和自标定方法之间的 Zhang 摄像机标定法，利用棋盘标定板进行标定，解决了传统标定方法的不足，简单实用，成本低，标定精度高等[73-74]。随着各种技术的不断成熟，许多学者将机器视觉和数学理论知识相结合对其进行改进。Zhang 等[75]将遗传算法进行改进以解决高维的非线性优化问题，应用于相机标定，获取其内外参数，但是计算量大。郭政业等[76]采用双重反馈调节的神经网络模型标定摄像机参数，该标定方法可去除非线性的误差，标定精度高，并具有实时性。Gu 等[77]提出基于反方向投影的摄像机标定方法，该方法利用正向投影模型计算标定板上初始内外参数，然后提取图像特征并投影到三维空间中，并和理想的特征点坐标进行比较，用非线性的函数最小化过程来估计摄像机参数，但该方法存在限制。尽管多种新的标定算法被提出，但是目前应用最广泛的标定算法是 Zhang 摄像机标定法。

2.3.1 Zhang 摄像机标定法原理

Zhang 摄像机标定法是基于标定板的非线性标定方法，继承与发展了两步标定法，通过标定板中特征点的空间坐标与图像坐标之间的对应关系，构建单应性矩阵，从而约束摄像机内部参数，继而标定实现外部参数的求解。

2.3.1.1 单应性矩阵的计算

设标定板所处的平面为世界坐标系 $z_w = 0$ 平面。用列向量表示旋转矩阵 $\boldsymbol{R}$，则旋转矩阵可表示为 $\boldsymbol{R} = \begin{bmatrix} \boldsymbol{r}_1 & \boldsymbol{r}_2 & \boldsymbol{r}_3 \end{bmatrix}$，那么对于标定板平面上的所有点与其图像坐标有公式（15）的关系。

$$\rho \begin{bmatrix} u \\ v \\ 1 \end{bmatrix} = \boldsymbol{A} \begin{bmatrix} \boldsymbol{r}_1 & \boldsymbol{r}_2 & \boldsymbol{r}_3 & \boldsymbol{t} \end{bmatrix} \begin{bmatrix} x_w \\ y_w \\ z_w \\ 1 \end{bmatrix} = \boldsymbol{A} \begin{bmatrix} \boldsymbol{r}_1 & \boldsymbol{r}_2 & \boldsymbol{t} \end{bmatrix} \begin{bmatrix} x_w \\ y_w \\ 1 \end{bmatrix}$$

（15）

令单应性矩阵 $\boldsymbol{H} = \boldsymbol{A} \begin{bmatrix} \boldsymbol{r}_1 & \boldsymbol{r}_2 & \boldsymbol{t} \end{bmatrix}$。

设 $\boldsymbol{H} = \begin{bmatrix} h_{11} & h_{12} & h_{13} \\ h_{21} & h_{22} & h_{23} \\ h_{31} & h_{32} & 1 \end{bmatrix}$，可得

$$\begin{cases} \rho u = h_{11} x_w + h_{12} y_w + h_{13} \\ \rho v = h_{21} x_w + h_{22} y_w + h_{23} \\ \rho = h_{31} x_w + h_{32} y_w + 1 \end{cases}$$

（16）

整理得

$$\begin{bmatrix} x_w & y_w & 1 & 0 & 0 & 0 & -u x_w & -u y_w \\ 0 & 0 & 0 & x_w & y_w & 1 & -v x_w & -v y_w \end{bmatrix} \boldsymbol{h} = \begin{bmatrix} u \\ v \end{bmatrix}$$

（17）

其中，$\boldsymbol{h} = \begin{bmatrix} h_{11} & h_{12} & h_{13} & h_{21} & h_{22} & h_{23} & h_{31} & h_{32} \end{bmatrix}^T$。

令 $\boldsymbol{H} = \begin{bmatrix} \boldsymbol{h}_1 & \boldsymbol{h}_2 & \boldsymbol{h}_3 \end{bmatrix}$，则 $\begin{bmatrix} \boldsymbol{h}_1 & \boldsymbol{h}_2 & \boldsymbol{h}_3 \end{bmatrix} = \lambda \boldsymbol{A} \begin{bmatrix} \boldsymbol{r}_1 & \boldsymbol{r}_2 & \boldsymbol{r}_3 \end{bmatrix}$。

因为 $\boldsymbol{r}_1$ 和 $\boldsymbol{r}_2$ 是单位正交向量，即 $\boldsymbol{r}_1^T \boldsymbol{r}_1 = \boldsymbol{r}_2^T \boldsymbol{r}_2 = 1$，且 $\boldsymbol{r}_1^T \boldsymbol{r}_2 = 0$，

单应性矩阵 H 对摄像机的内部参数提供的两个关键约束条件为

$$\boldsymbol{h}_1^{\mathrm{T}}\boldsymbol{A}^{-\mathrm{T}}\boldsymbol{A}^{-1}\boldsymbol{h}_2 = 0$$
$$\boldsymbol{h}_1^{\mathrm{T}}\boldsymbol{A}^{-\mathrm{T}}\boldsymbol{A}^{-1}\boldsymbol{h}_1 = \boldsymbol{h}_2^{\mathrm{T}}\boldsymbol{A}^{-\mathrm{T}}\boldsymbol{A}^{-1}\boldsymbol{h}_2 \tag{18}$$

在公式（18）的约束条件下分两步进行摄像机标定。第一步分析线性解法；第二步采用最大似然准则对线性结果进行优化。

令矩阵 $\boldsymbol{B}=\boldsymbol{A}^{-\mathrm{T}}\boldsymbol{A}^{-1}$，$\boldsymbol{A}^{-\mathrm{T}}\boldsymbol{A}^{-1}$ 描述绝对二次曲线在图像中的像。

$$\boldsymbol{B}=\boldsymbol{A}^{-\mathrm{T}}\boldsymbol{A}^{-1}=\begin{bmatrix} B_{11} & B_{12} & B_{13} \\ B_{12} & B_{22} & B_{23} \\ B_{13} & B_{23} & B_{33} \end{bmatrix}$$

$$=\begin{bmatrix} \dfrac{1}{f_x^2} & -\dfrac{s}{f_x^2 f_y} & \dfrac{sc_y - c_x f_y}{f_x^2 f_y} \\[3mm] -\dfrac{s}{f_x^2 f_y} & \dfrac{s^2}{f_x^2 f_y^2}+\dfrac{1}{f_y^2} & -\dfrac{s(sc_y - c_x f_y)}{f_x^2 f_y^2}-\dfrac{c_y}{f_y^2} \\[3mm] \dfrac{sc_y - c_x f_y}{f_x^2 f_y} & -\dfrac{s(sc_y - c_x f_y)}{f_x^2 f_y^2}-\dfrac{c_y}{f_y^2} & \dfrac{(sc_y - c_x f_y)^2}{f_x^2 f_y^2}+\dfrac{c_y^2}{f_y^2}+1 \end{bmatrix}$$

$\boldsymbol{B}$ 是对称矩阵，定义六维向量 $\boldsymbol{b}=\begin{bmatrix} B_{11} & B_{12} & B_{22} & B_{13} & B_{23} & B_{33} \end{bmatrix}^{\mathrm{T}}$，则有

$$\boldsymbol{h}_i^{\mathrm{T}}\boldsymbol{B}\boldsymbol{h}_j = \boldsymbol{v}_{ij}^{\mathrm{T}}\boldsymbol{b} \tag{19}$$

其中

$$\boldsymbol{h}_i = \begin{bmatrix} h_{i1} & h_{i2} & h_{i3} \end{bmatrix}^{\mathrm{T}}$$
$$\boldsymbol{v}_{ij} = [h_{i1}h_{j1} \quad h_{i1}h_{j2}+h_{i2}h_{j2} \quad h_{i2}h_{j2} \quad h_{i3}h_{j1}+$$
$$h_{i1}h_{j3} \quad h_{i3}h_{j2}+h_{i2}h_{j3} \quad h_{i3}h_{j3}]^{\mathrm{T}}$$

根据约束条件（18）可以得到关于向量 $\boldsymbol{b}$ 的 2 个齐次方程

$$\begin{bmatrix} \boldsymbol{v}_{12}^{\mathrm{T}} \\ (\boldsymbol{v}_{11}-\boldsymbol{v}_{22})^{\mathrm{T}} \end{bmatrix}\boldsymbol{b}=0 \tag{20}$$

从 n 幅标定板图像中，采用公式（20）获得线性方程组

$$\boldsymbol{V}\boldsymbol{b}=0 \tag{21}$$

其中，V 是一个 $2n \times 6$ 的矩阵。若图像个数 $n=1$，方程的个数小于未知数的个数，由于 CCD 传感器的芯片是方的，可假设图像坐标系中水平方向 x 轴与垂直方向 y 轴的夹角为 $90°$，即倾斜因子 $s=0$，则有 $\begin{bmatrix} 0 & 1 & 0 & 0 & 0 & 0 \end{bmatrix} b = 0$，还需要假设摄像机光心投影在图像的中心点上，这为公式（21）增加 2 个新的约束关系，才可计算出向量 b；若图像个数 $n=2$，仅需要假设倾斜因子 $s=0$；若图像个数 $n \geqslant 3$，则方程个数 $\geqslant 6$，可计算出带比例因子的向量 b。求出向量 b 之后，利用矩阵分解法分解矩阵 B，计算出 A^{-1}。此时，可根据公式（22）获取摄像机内参。

假设 $B = \mu A^{-T} A$，其中，μ 为尺度系数。

$$
\begin{cases}
u_0 = (B_{12}B_{13} - B_{11}B_{23})/(B_{11}B_{22} - B_{12}^2) \\
\mu = B_{33} - [B_{13}^2 + c_y(B_{12}B_{13} - B_{11}B_{23})]/B_{11} \\
f_x = \sqrt{\mu/B_{11}} \\
f_y = \sqrt{\mu B_{11}/(B_{11}B_{22} - B_{12}^2)} \\
s = -B_{12}f_x^2 f_y/\mu \\
v_0 = s c_y/f_x - B_{13}f_x^2/\mu
\end{cases}
\tag{22}
$$

获得摄像机内部参数后，可进一步按照公式（23）计算摄像机外部参数。

$$
\begin{cases}
r_1 = \lambda A^{-1} h_1 \\
r_2 = \lambda A^{-1} h_2 \\
r_3 = r_1 \times r_2 \\
t = \lambda A^{-1} h_3 \\
\lambda = 1/\|A^{-1}h_1\| = 1/\|A^{-1}h_2\|
\end{cases}
\tag{23}
$$

2.3.1.2 最大似然估计

由于基于最小距离准则获取的旋转矩阵 R 没有物理意义，所以需要采用最大似然估计进行精确求解。

假设 n 幅标定板图像，每幅图中有 m 个特征点，$m \times n$ 个点都含有独立同分布的噪声。建立目标函数如下：

$$\min \sum_{i=1}^{n} \sum_{j=1}^{m} \| m_{ij} - \widetilde{m}(\boldsymbol{A}, \boldsymbol{R}_i, \boldsymbol{t}_i, \boldsymbol{M}_j) \|^2$$

目标函数中 m_{ij} 表示第 i 幅图像中第 j 个特征点的坐标，$\widetilde{m}(\boldsymbol{A}, \boldsymbol{R}_i, \boldsymbol{t}_i, \boldsymbol{M}_j)$ 是第 i 幅图像中第 j 个特征点的图像坐标，利用世界坐标采用公式（15）获取，$\boldsymbol{R}_i$、$\boldsymbol{t}_i$ 分别表示第 i 幅图像的旋转矩阵和平移向量。最小化目标函数属于非线性优化问题，采用阻尼最小二乘（levenberg-marquarat，LM）法计算得到稳定解。

2.3.1.3 畸变系数的计算

(u, v) 为针孔模型获得的理想图像坐标，(u', v') 为实际成像坐标，引入一次和二次径向畸变、一次和二次切向畸变，则

$$\begin{cases} u = u'(1 + k_1 r^2 + k_2 r^4) + 2p_2 u'v' + p_1(3u'^2 + v'^2) \\ v = v'(1 + k_1 r^2 + k_2 r^4) + 2p_1 u'v' + p_2(u'^2 + 3v'^2) \end{cases}$$

对于给定 n 幅图像（每幅 m 个点），共 $m \times n$ 个点，可以得到 $2m \times n$ 个方程，通过最小二乘法，计算 4 个畸变系数 k_1、k_2、p_1、p_2。

依据畸变系数基于最大似然估计构建畸变优化函数，获取稳定解。

$$\min \sum_{i=1}^{n} \sum_{j=1}^{m} \| m_{ij} - \widetilde{m}(\boldsymbol{A}, k_1, k_2, p_1, p_2, \boldsymbol{R}_i, \boldsymbol{t}_i, \boldsymbol{M}_j) \|^2$$

2.3.1.4 双目摄像机系统的参数求解

公式（10）和（11）中的投影矩阵 $\boldsymbol{M}_l$ 和 $\boldsymbol{M}_r$ 的表达式如公式（24）。

$$\begin{aligned} \boldsymbol{M}_l &= \begin{bmatrix} \boldsymbol{A}_l & 0 \end{bmatrix} \\ \boldsymbol{M}_r &= \boldsymbol{A}_r \times \begin{bmatrix} \boldsymbol{R} & \boldsymbol{T} \end{bmatrix} \end{aligned} \qquad (24)$$

式中，左摄像机投影矩阵 $\boldsymbol{M}_l$ 为左摄像机内参 $\boldsymbol{A}_l$；右摄像机投影矩阵 $\boldsymbol{M}_r$ 为右摄像机内参 $\boldsymbol{A}_r$ 和左右摄像机相对位置 $\boldsymbol{R}$、$\boldsymbol{T}$ 的组合。

设空间点 P 在世界坐标系中坐标矢量为 $\boldsymbol{X}_w$，在左右摄像机坐标系矢量分别为 $\boldsymbol{X}_l$、$\boldsymbol{X}_r$，它从世界坐标系分别转换到左右摄像机坐标系的关系为公式（25）。

$$\boldsymbol{X}_1 = \boldsymbol{R}_1 \boldsymbol{X}_w + \boldsymbol{T}_1$$
$$\boldsymbol{X}_r = \boldsymbol{R}_r \boldsymbol{X}_w + \boldsymbol{T}_r \tag{25}$$

将公式（25）中的 $\boldsymbol{X}_w$ 消去，可得公式（26）：

$$\boldsymbol{X}_r = \boldsymbol{R}_r \boldsymbol{R}_1^{-1} \boldsymbol{X}_1 + \boldsymbol{T}_r - \boldsymbol{R}_r \boldsymbol{R}_1^{-1} \boldsymbol{T}_1 \tag{26}$$

其中，令

$$\begin{cases} \boldsymbol{R} = \boldsymbol{R}_r \boldsymbol{R}_1^{-1} \\ \boldsymbol{T} = \boldsymbol{T}_r - \boldsymbol{R} \boldsymbol{T}_1 \end{cases} \tag{27}$$

则公式（26）变为公式（28）：

$$\boldsymbol{X}_r = \boldsymbol{R} \boldsymbol{X}_1 + \boldsymbol{T} \tag{28}$$

由公式（28）可知，右摄像机相对于左摄像机进行旋转和平移操作。当已知两摄像机的外部参数时，两摄像机之间的相对位置关系可通过公式（28）计算获得。

2.3.2 标定板图像采集

2.3.2.1 标定板

摄像机标定中使用的标定板分为棋盘方格和圆形标靶两类。因为圆形标定板的抗噪能力强，易于特征点提取。实验采用高精度铝合金基板制作的标定板，其尺寸大小为 30cm×40cm，底板表面经过特殊处理具有吸光作用，增加与特征圆的对比度。标定板上有 9 行 11 列共 99 个标志圆，5 个大标志圆的直径为 20mm，小标志圆的直径为 10mm，各标志圆的水平和垂直间距均为 30mm（图 2-7）。假定标定板所在的平面为 $z_w = 0$，标定板中心处圆的圆心为世界坐标系的原点，水平方向为 x_w 轴，垂直方向为 y_w 轴，分别向右和向下为正方向，则根据设定的原点及各标志圆间实际距离，即可获得各标志点的世界坐标 (x_w, y_w, z_w)。例如，标定板左上角标志圆的世界坐标为（-150，-120，0），右上角标志圆的世界坐标为（150，-120，0）。

2.3.2.2 采集标定板图像

试验过程中选用维视图像公司提供的型号为 MV-VS120FM/FC的两台工业相机。该相机采用帧曝光 CCD 为相机传感器，所获取

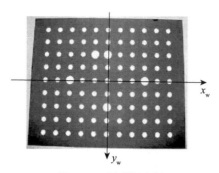

图 2-7 圆形标定板

的图像清晰；以 1394 为输出接口，占用 CPU 的资源少，允许一台
计算机同时连接多台工业相机。相机像素尺寸大小为 $4.65\mu m \times$
$4.65\mu m$，CCD 传感器的光学尺寸为 1/2in[*]：（6.4mm×4.8mm），
帧率 15 帧/s；采用日本制造的 Computar 型号的镜头，焦距为
8mm，口径比为 1:1.4，镜头最大可以兼容 2/3in 的芯片。

采集图像时，将两台摄像机以光轴垂直被拍物体表面，使用螺
栓平行固定在刻度横杆上，再将刻度横杆固定在三脚架上。三脚架
上有水平仪、左右角度调节旋钮、上下角度调节旋钮，同时该三脚
架可以任意调整摄像机高度。双目摄像机装置如图 2-8 所示，输出
图像为 24 位彩色图像，大小为 1 280×960 个像素，后缀为".bmp"。

左、右摄像机安装距离为基线，若基线与两台摄像机的光轴所
成的夹角相等，且处于 30°～60°，系统的测量误差较小，其中 45°
为最佳角度，可构成相对称的最佳双目立体视觉测量系统。当基线
B 固定时，随物距 z 的增加，系统测量误差急剧增大；当基线 B
为（0.8～2.2）z 时，系统的测量误差变化较小。

采集图像时，标定板应摆放在测量位置处。为了获取图像深度
信息，在采集过程中需转动标定板，角度控制在 20°～30°。同时，
标定板应布满整个测量视野。通过调节摄像机曝光时间、镜头光
圈，以获得清晰成像。

---

[*] 英寸（in）为我国非法定计量单位，1in≈2.54cm。——编者注

图 2-8　双目摄像机装置

　　将圆形标定板放在两摄像机前方的摄像范围内，在白天自然光的照射下，控制标定板的旋转方向，让标定板在深度方向上有平移，或绕水平方向和垂直方向有旋转。标定板至少旋转 5 次，才能完成标定。有文献[74]提到如果采集的两幅立体图像对没有发生旋转，则实际相当于采集一幅图像对，不能进行标定。所以在采集图像时，让标定板分别平行于摄像机平面、沿水平方向向左和向右旋转、沿垂直方向向上和向下旋转，共采集 5 组标定板图像（图 2-9）。

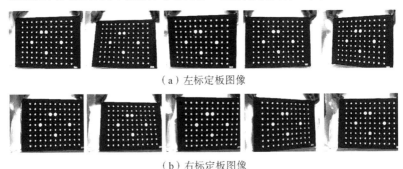

（a）左标定板图像

（b）右标定板图像

图 2-9　双目摄像机拍摄的 5 组标定板图像

2.3.3　摄像机标定过程

　　基于上述 Zhang 摄像机标定法实现摄像机内外参数的求解。

标定时先对单个摄像机进行参数标定及优化，再对双目立体视觉系统中两摄像机之间的相对方向和位置进行标定。

2.3.3.1 标志圆特征提取

首先预处理标定板图像，提取图像中目标轮廓及边界，并标记四连通区域，对每个连通区域分别计算周长、面积、圆形度及质心属性。标定板上的标志圆大小分为两种，利用圆形度去噪、周长去噪或面积去噪，从而准确地获取到 99 个标志圆的计算机图像坐标。图 2-10 为去噪的过程及坐标提取步骤，目标区域用"＋"标记。

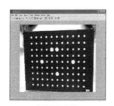
原始图像

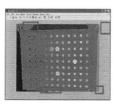
图像目标轮廓检测

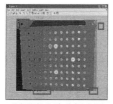
圆形度去除非标志圆

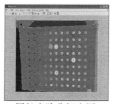
周长去除非标志圆

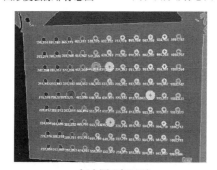
标志圆坐标显示

图 2-10 标志圆计算机图像坐标的获取

2.3.3.2 摄像机标定结果及分析

对 10 幅标定板图像分别利用上述的形态学方法提取标志圆特征，将特征坐标看作图像坐标。对于 8mm 焦距镜头和拥有 1/2in（6.4mm×4.8mm）CCD 芯片的摄像机，像素尺寸为 $4.65\mu m \times 4.65\mu m$，图像大小为 $1\,280\times960$ 个像素，其 f_x、f_y、u_0、v_0 的理论值分别为：

$$f_x = f_y = \frac{f}{dx} = \frac{8mm}{4.65\mu m} = 1720, \quad u_0 = \frac{1280}{2} = 640, \quad v_0 = \frac{960}{2} = 480$$

在 Matlab 平台上，已知标志圆的空间点坐标及该空间点在左、右摄像机中的投影点坐标，将其带入公式（10）和（11）计算得到投影矩阵，分解投影矩阵即可实现摄像机标定，结果见表 2-2。

表 2-2 摄像机参数计算

摄像机参数	左摄像机	右摄像机
(f_x, f_y)	(1 806.8062, 1 805.9726)	(1 809.1213, 1 808.8510)
s	0.637 5	0.228 7
(u_0, v_0)	(666.4484, 453.40073)	(679.37652, 428.6005)
(k_1, k_2)	(−0.0850, 0.2126)	(−0.0973, 0.2788)
(p_1, p_2)	(−0.0001, −0.0016)	(0.0002, 0.0009)

从表 2-2 可知，左摄像机 $f_x=1806.8062$，$f_y=1805.9726$；右摄像机 $f_x=1809.1213$，$f_y=1808.8510$。当像素大小为 $4.65\mu m$，左摄像机的焦距 $f_{Lx}=1806.8062\times4.65\mu m=8.4016mm$，$f_{Ly}=1805.9726\times4.65\mu m=8.3977mm$；右摄像机的焦距 $f_{Rx}=1809.1213\times4.65\mu m=8.4111mm$，$f_{Ry}=1808.8510\times4.65\mu m=8.4124mm$，与实际的焦距 $f=8mm$ 相比差距不大。左摄像机主点 $(u_0, v_0)=(666.4484, 453.4007)$，右摄像机主点 $(u_0, v_0)=(679.3765, 428.6005)$，与摄像机拍摄的图像中心（640，480）相差不大。

为了检验标定结果的准确性，分别采用两种分析方法：①与商业化双目测量平台的标定结果进行对比；②利用三维空间重投影进行误差分析。

商业化双目测量平台是维视摄像机所带的开发平台，用 C/C++语言编写，可在 VC 和 VS 开发环境中使用，兼容多型号摄像机。标定结果如图 2-11 所示。

对比表 2-2 和图 2-11 的标定结果，f_x、f_y、u_0、v_0 四个参数值与商业化双目测量平台的值相差 2~4 个像素。

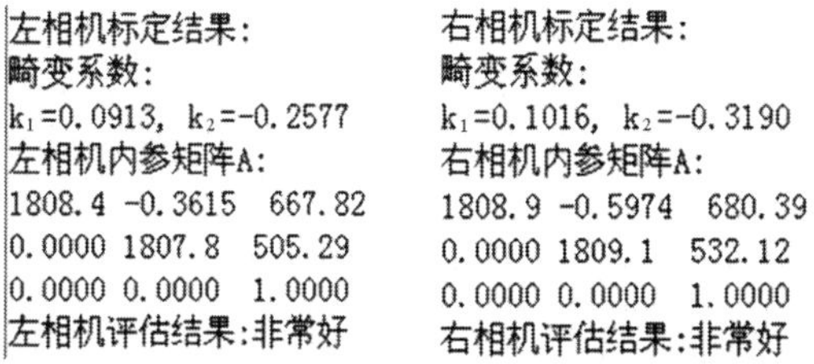

```
左相机标定结果:                右相机标定结果:
畸变系数:                       畸变系数:
k₁=0.0913, k₂=-0.2577          k₁=0.1016, k₂=-0.3190
左相机内参矩阵A:                右相机内参矩阵A:
1808.4 -0.3615  667.82         1808.9 -0.5974  680.39
0.0000 1807.8  505.29          0.0000 1809.1  532.12
0.0000 0.0000  1.0000          0.0000 0.0000  1.0000
左相机评估结果:非常好           右相机评估结果:非常好
```

图 2-11 商业化双目测量平台的标定结果

利用三维空间重投影误差分析，反投影计算标志圆的计算机图像坐标，然后与计算机图像坐标作比较。假设空间点 P，实际检测的图像坐标为 $p'(x_i', y_i')$，依据摄像机标定参数重投影计算该空间点的图像坐标 $p(x_i, y_i)$，p 与 p' 之间的误差就是图像的残差[78]。

一幅图像的总残差均值 E 可表示为公式（29）。

$$E = \frac{1}{n}\sum_i^n \sqrt{(x_i'-x_i)^2+(y_i'-y_i)^2} \qquad (29)$$

图像总残差可评价标定结果，E 的值越小标定结果越好。商业测量平台利用图像残差的评定标准为表 2-3，5 组图像对总残差的计算结果为表 2-4。

表 2-3 基于图像总残差的标定结果评定标准

图像总残差/像素	标定结果
$E \leqslant 0.2$	非常好

（续）

图像总残差/像素	标定结果
$0.2<E\leqslant0.4$	较好
$0.4<E\leqslant0.6$	一般
$E>0.6$	差

表 2-4   5 组图像对的总残差

左图像	图像总残差/像素	右图像	图像总残差/像素
图像 1	0.171 654	图像 1	0.118 27
图像 2	0.155 469	图像 2	0.033 67
图像 3	0.208 672	图像 3	0.118 34
图像 4	0.354 209	图像 4	0.459 35
图像 5	0.096 598	图像 5	0.546 40
总残差均值	0.197 32	总残差均值	0.255 206

表 2-4 中第 4 组图像对的标定残差较大，这是由于旋转角度偏大造成的。第 5 组右图像标定残差较大是由于标定板靠右转动过大引起的。5 组图像总参数均值小于 0.3 个像素，参照表 2-3，标定结果较好。

通过上述的左、右摄像机的标定结果，以左摄像机坐标系作为世界坐标系，利用公式（23）可以计算得到每幅图像的旋转矩阵 $\boldsymbol{R}$ 和平移向量 $\boldsymbol{T}$（表 2-5）。

表 2-5   摄像机的外参

图像对	外部参数	左摄像机	右摄像机
1	$\boldsymbol{R}$	$\begin{bmatrix} 0.9879 & -0.0039 & 0.1548 \\ 0.0021 & 0.9999 & 0.0117 \\ -0.1549 & -0.0112 & 0.9879 \end{bmatrix}$	$\begin{bmatrix} 0.9931 & 0.0019 & -0.1170 \\ -0.0006 & 0.9999 & 0.0110 \\ 0.1170 & -0.0109 & 0.9931 \end{bmatrix}$
	$\boldsymbol{T}$	$\begin{bmatrix} -5.7665 & 21.7503 & 638.8909 \end{bmatrix}^{\mathrm{T}}$	$\begin{bmatrix} 34.4464 & 21.6601 & 646.3071 \end{bmatrix}^{\mathrm{T}}$

（续）

图像对	外部参数	左摄像机	右摄像机
2	R	$\begin{bmatrix} 0.9877 & -0.0416 & 0.1508 \\ 0.0030 & 0.9688 & 0.2477 \\ -0.1564 & -0.2442 & 0.9570 \end{bmatrix}$	$\begin{bmatrix} 0.9936 & 0.0281 & -0.1092 \\ -0.0002 & 0.9689 & 0.2476 \\ 0.1128 & -0.2460 & 0.9627 \end{bmatrix}$
	T	$\begin{bmatrix} -0.1462 & 25.0876 & 673.9695 \end{bmatrix}^T$	$\begin{bmatrix} 30.5736 & 24.9520 & 681.6925 \end{bmatrix}^T$
3	R	$\begin{bmatrix} 0.9882 & 0.0192 & 0.1521 \\ 0.0003 & 0.9919 & -0.1268 \\ -0.1533 & 0.1253 & 0.9802 \end{bmatrix}$	$\begin{bmatrix} 0.9928 & -0.0162 & -0.1186 \\ -0.0030 & 0.9871 & -0.1602 \\ 0.1197 & 0.1594 & 0.9799 \end{bmatrix}$
	T	$\begin{bmatrix} -10.0326 & 22.7266 & 617.2887 \end{bmatrix}^T$	$\begin{bmatrix} 36.5363 & 23.2492 & 620.0081 \end{bmatrix}^T$
4	R	$\begin{bmatrix} 0.9975 & 0.0073 & -0.0702 \\ -0.0039 & 0.9988 & 0.0489 \\ 0.0705 & -0.0485 & 0.9963 \end{bmatrix}$	$\begin{bmatrix} 0.9413 & 0.0228 & -0.3368 \\ -0.0069 & 0.9988 & 0.0483 \\ 0.3375 & -0.0432 & 0.9403 \end{bmatrix}$
	T	$\begin{bmatrix} -24.0274 & 21.8984 & 652.0981 \end{bmatrix}^T$	$\begin{bmatrix} 13.3810 & 21.8711 & 654.2757 \end{bmatrix}^T$
5	R	$\begin{bmatrix} 0.9413 & -0.0268 & 0.3365 \\ 0.0103 & 0.9987 & 0.0508 \\ -0.3374 & -0.0444 & 0.9403 \end{bmatrix}$	$\begin{bmatrix} 0.9973 & -0.0114 & 0.0726 \\ 0.0078 & 0.9987 & 0.0497 \\ -0.0731 & -0.0490 & 0.9961 \end{bmatrix}$
	T	$\begin{bmatrix} -1.3349 & 20.8554 & 652.2224 \end{bmatrix}^T$	$\begin{bmatrix} 35.1309 & 20.7551 & 660.6107 \end{bmatrix}^T$

　　基于左、右摄像机旋转矩阵 R 及平移向量 T 的关系公式（27），即可针对每组图像获得一组旋转矩阵和平移向量。但是由于图像噪声以及标定参数误差，每一对图像的 R 和 T 略有微小变化，所以求取了5组图像 R 和 T 的均值，即实现双目摄像机标定。将双目摄像机标定结果与商业化双目测量平台进行对比，结果见表2-6。

表 2 - 6　双目摄像机标定结果对比

参数		Zhang 摄像机标定法的标定结果			商业化测量平台的标定结果	
$\boldsymbol{R}$	$\boldsymbol{R} = \begin{bmatrix} 0.9655 & 0.0008 & -0.2604 \\ -0.0029 & 0.9999 & -0.0074 \\ 0.2604 & 0.0079 & 0.9654 \end{bmatrix}$			$\boldsymbol{R} = \begin{bmatrix} 0.9659 & -0.0008 & -0.2588 \\ 0.0027 & 0.9999 & 0.0068 \\ 0.2588 & -0.0073 & 0.9659 \end{bmatrix}$		
$\boldsymbol{T}$	$\boldsymbol{T} = \begin{bmatrix} 210.03 & 4.1947 & 26.275 \end{bmatrix}^{\text{T}}$			$\boldsymbol{T} = \begin{bmatrix} 209.27 & -4.5247 & 25.747 \end{bmatrix}^{\text{T}}$		

从表 2 - 6 可知，两种方法的双目标定结果差值较小。标定结果中部分值存在符号差异，这是由于所选坐标系的方向不同。从平移向量中可以看出，右摄像机距离左摄像机的平移距离为 210.03mm，与实际配置中的基线距离 20cm 很接近。

2.4　双目立体视觉测量系统设计

在 Matlab 2011b 软件环境下，运用图形用户接口开发双目视觉测量系统。该系统的构建主要分为图形用户界面对象设计和相应回调函数的添加。基于双目立体视觉测量的一般过程，系统主要功能见图 2 - 12。

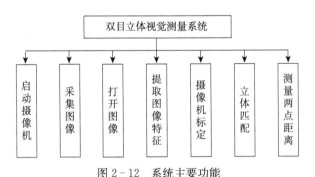

图 2 - 12　系统主要功能

2.4.1　系统主界面设计及采集功能实现

双目立体测量系统主界面被划分为左摄像机操作及显示区、右摄像机操作及显示区和信息输出区（图 2 - 13）。左摄像机操作及显示区包括启动相机、采集图像、打开图像文件、标记圆心、参数标定、立体匹配、图像展示和标定结果显示。右摄像机操作及显示区包括启动相机、采集图像、打开图像文件、标记圆心、参数标定、图像展示和标定结果显示。信息输出区用于输出双目摄像机标定结果、测量数据等信息。该系统主要实现图像采集、摄像机标定、立体匹配和简单测量的功能。通过点击各操作按钮并为各按钮添加相应操作事件以实现其功能；程序运行的关键数据将通过编辑框来显示；图像将通过数轴 axes 来展示。

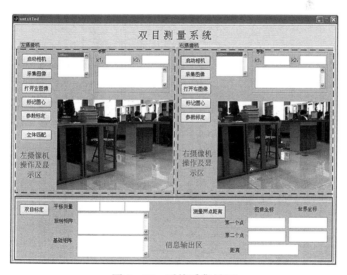

图 2 - 13　系统采集界面

使用 Matlab 软件中自带的图像获取工具箱连接并启动两台摄像机。在程序中添加两台摄像机的参数，调用工具箱中的"start（）"方法即可启动摄像机，所拍摄的场景将显示在左右图像显示区。采集图像按钮调用"imwrite（）"方法，实现抓图的功能，图像依次存储在指定目录下的文件夹中。

2.4.2 摄像机标定功能实现

将采集 5 组标定板图像添加到图像列表框中，数轴 axes 区域则展示当前图像。利用标志圆特征提取算法依次获取每一幅图像中特征圆坐标，用于摄像机参数标定的输入。采用 Zhang 摄像机标定法，计算出摄像机的内部参数和外部参数；再利用简单的极线约束对排列比较整齐的标志圆特征进行匹配，进而利用公式（14）求取每个标志圆的三维世界坐标；最后，手动选取两个标志圆，可以计算得出两标志圆之间的距离。该双目立体视觉系统使用方便、简单、易于操作，提供了与用户交互的界面，并将系统的关键技术进行了集成，从而实现简单目标距离的测量（图 2 - 14）。

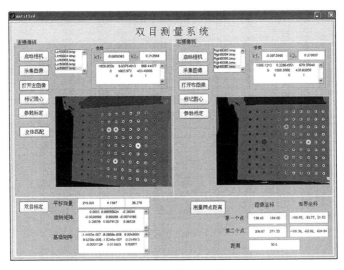

图 2 - 14　双目测量结果显示

2.5　本章小结

本章主要介绍双目立体视觉的基本原理、相机透视投影模型、摄像机标定。在摄像机标定过程中，考虑镜头的径向畸变和切向畸变。采集标定板图像，利用 Zhang 摄像机标定法标定摄像机参数，并采用三维空间重投影获取图像坐标残差对标定结果进行分析，平均残差小于 0.3 个像素，试验结果表明该方法的标定结果较好。同时，在 Matlab 2011b 软件平台下，集成开发双目立体视觉测量系统，实现简单的测距。

3 复杂背景下的羊体信息识别算法与优化

3.1 引言

羊体信息识别即羊体分割，本质是依据图像的颜色信息、纹理信息等具有代表性的特征将图像分割成无交集的区域，同一区域内的特征信息表现出相似性，而不同区域的特征信息表现出相异性，区域之间的分割边界清晰。图像分割是图像分析和理解的关键，是一种基本的计算机视觉技术。准确地分割图像对生产实践有着重要价值。

用数学形式对图像分割的定义为：I 代表图像，H 则代表性质相同的谓词，图像分割的目标则是将图像 I 划分为 n 个区域 R_i，$i = 1, 2, \cdots, n$，满足[79]：

(1) $\bigcup_{i=1}^{N} R_i = I$，$R_i \bigcap R_j = \varnothing$，$\forall i, j$，且 $i \neq j$

(2) $\forall i$，$i = 1, 2, \cdots, n$，$H(R_i) = \mathrm{True}$

(3) $\forall i, j$，且 $i \neq j$，$H(R_i \bigcup R_j) = \mathrm{False}$

条件（1）表明分割区域要覆盖整个图像且各区域相互不重叠；条件（2）表明每一个区域都具有相同的性质；条件（3）表明相邻的 2 个区域性质相异，不能合并为一个区域。

本书中对羊体测点识别、羊体参数测量和特征提取等过程都是以图像分割为前提。目前，研究学者对畜体图像的分割提出诸多算法，如基于阈值、基于融合、基于超像素、基于图割的方法。例如，江杰等[46]利用基于灰度的背景差分法，结合色度不变性，从复杂环境中检测羊体。赵建敏等[48]利用 Kinect 传感器，将羊体彩色图像和深度图像多元信息融合，提取羊体轮廓。张丽娜[49]利用 SLIC 超像素分割算法和 FCM 算法相结合，提取羊体的前景信息。胡玉龙[80]基于豪斯多夫距离算法对原始图像和目标图像实施边缘匹配，将其结果作为 Grab Cut 算法的初始化条件，实现非交互式的 Grab Cut 羊体提取。刘同海等[34]采用背景差分法、去噪算法，消除图像背景干扰信息，从而提取出猪体信息。Mahdi[45]等通过对彩色新生羔羊图像进行图像灰度化、亮度调整、图像分割、前景选择、形态学等处理操作分割新生羔羊的躯干部分。同时，一些改进的新分割算法也被提出，例如，邹瑜等[81]提出改进的自组织映射（self-organizing map，SOM）网络用于医学图像的分割。Gao 等[82]利用云模型对牛乳体细胞图像实施分割。Cabriel 等[83]基于 Lab 彩色空间和分水岭变换分割羊奶中的体细胞。张红旗等[84]对遗传算法理论进行分析，使用遗传算法寻找 FCM 图像分割方法中的聚类中心，对草莓果实图像实施分割。孙龙清等[85]结合交互式分水岭算法，提取改进的 Graph Cut 算法，对生猪图像实施分割。

在真实养殖场拍摄的羊体图像背景比较复杂，存在大量噪声，且羊体颜色、地面颜色、玉米秸秆的颜色都非常接近，所以不能依据颜色信息来实现分割。光照使得图像的亮度不均匀，局部还产生阴影；另外，受到羊体表面纹理和地面纹理的影响，灰度处理、纹理分割算法难以实现分割。因此，传统的分割算法不能被应用于羊体图像分割。目前，基于图论的分割算法引起许多学者的注意，逐渐成为图像分割中的研究热点。Graph Cut 算法是基于图论的一种图像分割方法。它属于交互式半自动的分割，可以获取尽可能多的分割信息，快速、准确地分割目标图像，具有较强的实用性[86]。图像分割按照用户是否参与主要分为交互式分割和自动分割。自动分割难以准确地实现分割，而交互式分割需要用户参与，且耗时。更合理的方式是融合自动分割和交互式分割的优点以达到准确、快速分割的目的。所以，采用图割算法，先由用户输入交互信息，然后通过自动分割算法实现分割。

由 Boykov 等[87]提出的基于 Graph Cut 算法的交互式前景目标

提取框架，能够将图像的区域与边界信息结合起来，提高分割的效率，广泛地应用于自然图像、医学图像等[88]。Graph Cut 具有鲁棒性强、分割结果好、效率高等优点，吸引许多学者对其进行深入的分析与研究。樊淑炎等[89]把多尺度的 Normalized cut 作为目标函数，将精细尺度和粗糙尺度相结合实施分割，分割过程无需用户交互，且分割快速、准确，但是算法的鲁棒性不高。刘毅[86]针对背景/前景颜色有重叠的情况，提出一种视觉显著性与 Graph Cut 算法交互式的分割算法，但是该算法容易丢失图像的细节信息。王钧铭等[90]采用分水岭算法将图像分割成小区域，以小区域为图的顶点，采用 Grab Cut 算法进行图像分割，提高运算效率。因为分水岭分割算法存在过分割现象，且不是基于像素实施分割，所以分割边界不光滑，存在毛刺，难以得到很好的分割效果[91-92]。

传统的 K-均值方法是通过最小化均值的方差函数来实现聚类，对初始聚类中心严重敏感。而 FCM 作为一种成熟的聚类分析方法，能够实现图像中的模糊性和不确定性，在图像的分割中被广泛使用[93]。毛罕平等[94]利用 FCM 聚类算法对作物病害叶片图像进行自适应分割，能够较好地将病斑部分和正常部分分割开。王黎明[95]对医学图像采用自适应加权空间信息的 FCM 实施分割。

综上所述，这些算法在各自的研究领域中取得了较好的分割效果，但是针对复杂养殖环境下采集的羊体图像，上述方法无法将颜色相近的地面和羊体或者羊体阴影区域与羊体分开。加之基于像素的传统 Graph Cut 算法的计算量大，导致分割效率低。因此，以真实养殖环境下的羊体图像为研究对象，提出以 Lazy Snapping 和 Graph Cut 为分割框架，融合多尺度分水岭和 FCM 方法分割羊体图像，以提高其交互实时性。首先使用多尺度分水岭分割算法对图像进行预处理形成超像素区域块，再采用 FCM 对超像素区域聚类，利用 Graph Cut 构建网络，利用最大流和最小割方法进行分割，最后运用形态学、边界处理、边界跟踪获取准确的羊体目标轮廓，为后续准确的测点识别和羊体尺参数的计算奠定基础[96]。

3.2　图像分割的相关理论与方法

3.2.1　模糊 C 均值算法

　　1974 年 Dunn 提出 FCM 聚类算法，Bezdek 对目标函数进行改进，推广并应用于图像分割[24][28]。它属于非监督的模糊聚类算法，将具有相同属性的像素进行模糊聚类。其思想是不断迭代寻优隶属度函数和聚类中心，目的是最小化目标函数，实现最优聚类。将 FCM 聚类算法引入到图像分割中[94]，设集合 $X = \{x_1, x_2, \cdots, x_N\}$ 表示图像的像素点，集合 $V = \{v_1, v_2, \cdots, v_c\}$ 表示聚类中心，目标函数为：

$$J_m(\boldsymbol{U}, \boldsymbol{V}) = \sum_{i=1}^{c} \sum_{k=1}^{n} (u_{ik})^m \| x_k - v_i \|^2 \tag{30}$$

　　式中，x_k 为图像第 k 像素点，v_i 为第 i 类的类中心，u_{ik} 为像素点 x_k 属于聚类中心 v_i 的隶属度，则 $\boldsymbol{U} = \{u_{ik}\}$ 表示 $C \times N$ 维的模糊分类矩阵，m 为加权指数。

　　FCM 聚类算法的步骤如下：

　　（1）设定聚类数 C，加权指数 m（通常取 2）、最大迭代次数 l、迭代终止条件以及初始化迭代计数器 $count = 0$。

　　（2）随机生成 $C \times N$ 维的模糊分类矩阵 $\boldsymbol{U}$，并作归一化处理。

　　（3）根据以下公式分别计算类中心、更新模糊分类矩阵 $\boldsymbol{U}$：

$$v_i = \frac{\sum_{k=1}^{n} (u_{ik})^m x_k}{\sum_{k=1}^{m} (u_{ik})^m} \tag{31}$$

$$u_{ik} = 1 \Big/ \sum_{j=1}^{n} \left(\frac{d_{ik}}{d_{jk}} \right)^{2/(m-1)} \tag{32}$$

　　式中，d_{ik} 表示类中心 v_i 到像素点 x_k 的距离，即 $\| x_k - v_i \|$；同理，d_{jk} 表示类中心 v_j 到像素 x_k 的距离，即 $\| x_k - v_j \|$。

　　（4）若达到最大设置的迭代次数 l 或邻近两次的类中心之差满

足终止条件，停止迭代，输出模糊分类矩阵 U 和聚类中心 V，否则重复步骤（3），且迭代器 $count$ 加1。

（5）利用最大隶属度准则消除模糊化，将图像的像素点合并到最大隶属度的一类中。

当算法收敛时，即可得到各类的聚类中心和像素点，从而完成FCM聚类划分。

3.2.2 多尺度分水岭算法

分水岭分割算法基于拓扑理论，其本质思想是将图像比作拓扑地貌，通过模拟盆地地形涨水过程实现目标和背景的分割。每个局部极小值及其周围区域称为集水盆，从集水盆开始向上涨水，两个集水盆的交汇处建立起来的一个大坝将各个区域分开，这个大坝称为分水岭。分水岭算法主要包含两个步骤：第一个是将图像进行处理，将处理后的图像灰度值按照升序排列；第二步是淹没过程，采用 FIFO 结构判断和标记每个局部极小值。经分水岭变换后图像称为集水盆图像，相邻集水盆的边界称为分水岭。以分水岭划分的集水盆所构成的区域为分割目标，这些子区域是超像素区域，它们具有相似的亮度特征、相邻的位置，由像素点组成。基于超像素分割不是基于像素级的分割，而是基于区域的分割，在 Graph Cut 算法中将分水岭分割的小区域看作节点，可以提高分割的效率。

分水岭分割能够很好地保留图像的边界信息，并且各区域内部差异小。但是在实际的应用中由于图像量化、图像渐变等影响极易导致过分割。为了避免过分割和模糊的边缘信息，采用多尺度形态梯度算子代替单尺度形态梯度算子对图像进行预分割[97]。设灰度图像 $f(x, y)$，结构元素 $g(x, y)$，单尺度形态学梯度算子 $Grad[f(x, y)]$ 为：

$$Grad[f(x, y)] = [f(x, y) \oplus g(x, y)] - [f(x, y) \ominus g(x, y)] \quad (33)$$

公式（33）中，$\oplus$ 和 $\ominus$ 分别表示形态学的膨胀与腐蚀操作。结构元素 $g(x, y)$ 对单尺度形态学梯度算子 $Grad[f(x, y)]$

性能的影响较大。同时，图像中会出现过分割的现象。然而，多尺度形态学的梯度算子计算的是平均值，假设 g_i（$1 \leqslant i \leqslant l$）为 $i \times i$ 像素的方形结构元素，l 表示结构因子，则多尺度梯度算子 $MG[f(x, y)]$ 定义为：

$$MG[f(x, y)] = \frac{1}{l-1} \sum_{i=2}^{l} (\{[f(x, y) \oplus g_i(x, y)] - [f(x, y) \ominus g_i(x, y)]\} \ominus g_{i-1}(x, y))$$

（34）

多尺度形态学的梯度算子组合形态学的膨胀与腐蚀操作，可以检测图像中局部灰度级的变化，形态学中开-闭运算可以对图像起到平滑作用。先对图像进行多尺度形态学的梯度计算，以结果中的极小值为起点进行分水岭的淹没过程。

3.2.3 Graph Cut 算法

Graph Cut 是一种基于 Markov 随机场理论和最大流/最小割理论（max flow/min cut theory）的图像分割算法。它将图像中的像素点看作图的节点，点的连接看作图的边，并定义合适的权重。通常权重越大，说明两节点的相似度高，所以，一幅图像映射成图论中的网络图，分割问题转化为网络的切割，在此网络中构建能量函数，利用最大流/最小割算法计算网络的最小割，获取的最小割就是能量函数的最小值。再将求解结果反射到图像中，获取图像的最优分割结果。如图 3-1 为一个图像对应的 S-T 图，用 $\boldsymbol{G} = (\boldsymbol{V}, \boldsymbol{E})$ 表示。其中，V 为顶点集，E 为边集，网络图中 S 和 T 分别称为源点和汇点，源点 S 表示前景，汇点 T 表示背景，则源点 S、汇点 T、图像的像素点共同构成网络的顶点集 V。边的集合 E 包括 4 邻域或 8 邻域像素点的连接边 nlink 和像素点与 S 和 T 的连接边 tlink。

设图像为 I，像素点用 $p \in P$ 表示，图像分割可看作是一个标记问题，每个像素分配标签为 $\alpha = \{\alpha_1, \alpha_2, \cdots, \alpha_N\}$。其中，$\alpha_i$ 为 0 代表背景，为 1 代表前景；N 为像素点的总数。图像的 Gibbs

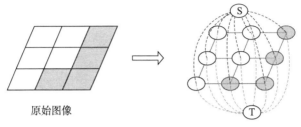

原始图像

图 3-1　S-T 网络模型

能量函数表示为：

$$E(\alpha) = R(\alpha) + \lambda B(\alpha) \tag{35}$$

其中

$$R(\alpha) = \sum_{p \in S} D_p(\alpha_p) \tag{36}$$

$$B(\alpha) = \sum_{(p, q) \in C} B_{\langle p, q \rangle} \cdot \delta(\alpha_p, \alpha_q) \tag{37}$$

$$\delta(\alpha_p, \alpha_q) = \begin{cases} 1 & if(\text{如果}) \quad \alpha_p \neq \alpha_q \\ 0 & otherwise(\text{否则}) \end{cases}$$

$R(\alpha)$ 和 $B(\alpha)$ 分别表示区域项（数据项）和边界项。$D_p(\alpha_p)$ 为对像素 p 分配标签 α_p 的惩罚。$B_{\langle p, q \rangle}$ 为对相邻像素 p 和 q 的不连续惩罚。参数 λ 为非负实数，用来控制区域项和边界项各自权重的平衡系数；该参数越大则分割的区域整体性较好，越小则局部细节的可分性较强。根据边分配的权重，求解网络中的最大流/最小割，即获得能量函数 $E(\alpha)$ 的值最小，实现网络的最佳分割。

3.3　基于改进的 Graph Cut 算法的羊体信息提取

3.3.1　改进的 Graph Cut 算法

为了提高分割的高效性和准确性，利用多尺度分水岭对图像进行预处理，然后利用 FCM 进行聚类，并使用 Lazy Snapping 的直观交互方式，采用 Graph Cut 框架作为分割的模型。分割流程见图 3-2。

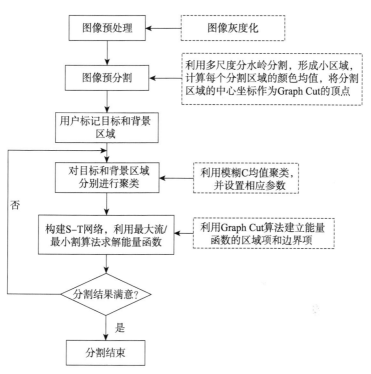

图 3-2 分割流程图

改进的 Graph Cut 算法的分割步骤如下：

（1）图像预处理。输入彩色图像 I 并灰度化处理。

（2）图像预分割。根据灰度化图像来实施多尺度的分水岭预分割，得到 num 个区域块，每一块区域的颜色均值为 $M(i)$，且 $i \in [1, num]$，将区域块的中心坐标作为 Graph Cut 的顶点。其中，膨胀和腐蚀操作的结构元素均为边长为 1、2、3 和 4 像素的方形结构，最后利用开运算和闭运算对图像进行平滑处理。

（3）基于笔画的交互方式，用户标记输入图像 I 的前景种子点和背景种子点，并映射前景点和背景点到相应的多尺度分水岭分割的区域块，采用 FCM 算法将用户标记的前景区域和背景区域分为 C 类，分别得到对应的子集 $\{K_1^F, K_2^F, \cdots, K_c^F\}$ 和 $\{K_1^B, K_2^B, \cdots, K_c^B\}$，其中，上标 F 和 B 分别表示前景和背景。

（4）为了提高算法的实时性，采用 Lazy Snapping 算法建立能量函数的区域项和边界项，并构建网络图 $G=<v, \varepsilon>$。其中，顶点集 v 对应所有区域块，边集 ε 对应各区域块与相邻区域块的邻接关系。能量函数定义为：

$$E(X) = \sum_{i \in v} E_1(\alpha_i) + \lambda \sum_{(i, j) \in \varepsilon} E_2(\alpha_i, \alpha_j) \quad (38)$$

式中，$\alpha_i \in \{0, 1\}$ 为区域块；i 是前景/背景标号；λ 是用于控制区域项和边界项各自权重的平衡系数，该参数越大分割的区域整体性较好，越小则局部细节的可分性较强。区域块 i 到前景区域块子集 $\{K_c^F\}$ 的最小距离为 $d_i^F = \min_{c \in [1, C]} \| M(i) - K_c^F \|$。区域块 i 到背景区域块子集 $\{K_c^B\}$ 的最小距离为 $d_i^B = \min_{c \in [1, C]} \| M(i) - K_C^B \|$。区域项 E_1 定义为：

$$\begin{cases} E_1(\alpha_i = 1) = 0 \quad E_1(\alpha_i = 0) = \infty \quad \forall i \in F \\ E_1(\alpha_i = 1) = \infty \quad E_1(\alpha_i = 0) = 0 \quad \forall i \in B \\ E_1(\alpha_i = 1) = \dfrac{d_i^F}{d_i^F + d_i^B} \quad E_1(\alpha_i = 0) = \dfrac{d_i^B}{d_i^F + d_i^B} \quad \forall i \in U \end{cases}$$

$$(39)$$

式中，F 和 B 同样表示前景区域和背景区域，而 U 代表未知区域块。

对于衡量连接点之间的代价，定义边界项为：

$$E_2(\alpha_i, \alpha_j) = \frac{|\alpha_i - \alpha_j|}{\| M(i) - M(j) \|^2 + 1} \quad (40)$$

（5）采用最大流/最小割算法计算能量函数的最小值，获得分割结果。

（6）若分割结果满意，则算法结束；否则转到步骤（3），增加前景和背景标记。

3.3.2 羊体侧视图像数据采集

本试验图像于 2016 年 1 月 9 号在自然光照条件下，摄于内蒙古农业大学动物实验基地，品种为细毛羊，年龄为 3～4 周岁。利用索尼公司生产的 DSLR-A350 型号的商业 CCD 摄像机为图像采集器件。通过调节摄像机的清晰度、焦距等参数，在无体位限制装置的条件下，采集单只羊体侧面 RGB 彩色图像，图像大小为 4 592×3 056 像素。但是由于羊属于群居动物，所以采集的图像中存在多只羊的情况。

3.3.3 多尺度分水岭预分割

由于原始图像的尺寸太大，为了方便后续处理，将其缩小为 1 148×764 像素，采用简单的图像灰度化处理方法，即 rgb2gray 函数、提取单通道分量。在 Matlab 软件平台下，分别统计灰度化处理后的单尺度和多尺度分水岭预分割区域（表 3-1）。

表 3-1　统计多尺度分水岭分割的区域

图像	第一次分水岭				第二次分水岭			
	rgb2gray 函数	R 分量	G 分量	B 分量	rgb2gray 函数	R 分量	G 分量	B 分量
第 1 组	33 367	33 516	33 596	34 159	5 861	5 860	5 846	5 953
第 2 组	46 706	46 752	46 862	46 883	5 712	5 780	5 686	5 754
第 3 组	40 803	40 297	41 146	41 906	5 978	5 547	5 563	6 016

从表中可知，与单通道 R 分量和 B 分量相比较，单通道 G 分量分割区域最少，降低了后续的计算量，因此选择单通道的 G 分量作为多尺度分水岭分割的输入。同时第二次分水岭分割与第一次分水岭分割相比，分割的区域数降低了 1/5。表 3-1 中 3 幅图像的 G 通道分量的分水岭预分割结果依次如图 3-3 所示。

（a）原始羊体图像　　（b）第一次分水岭分割　　（c）第二次分水岭分割

图 3-3　单通道 G 的多尺度分水岭预分割效果图

从图中可知，单通道 G 能够很好地描述图像的边缘，从图中区域的密集程度可知，第二次分水岭分割的区域少于第一次分水岭，由此可以提高分割的效率。因此，提取单通道 G 分量作为图像灰度化处理。

3.3.4　分割结果及分析

在 Windows XP 系统下，计算机配置为 Intel（R）Core（TM）2 Duo CPU E7500@2.93GHz，3GB 内存。在 Matlab2009 平台中对羊体图像执行分割，并从分割效果、运行时间、分割准确率三方面分析改进的分割算法。

（1）分割结果　分割结果与云模型分割[87]、传统 Grab Cut[90] 算法、Grow Cut[98] 算法进行比较。公式（38）中的平衡系数 λ 取值大小表示区域整体性和细节性的可分性，在分割试验过程中为获取分割的整体性，将 λ 设置为 66；由于羊体的背景较复杂，所以

将前景和背景聚类子集数均设为 60。同时，Grow Cut 算法的初始
标记与改进的 Graph Cut 算法一致，Grab Cut 设置的矩形框刚好
包围羊体，分割结果如图 3-4 所示。

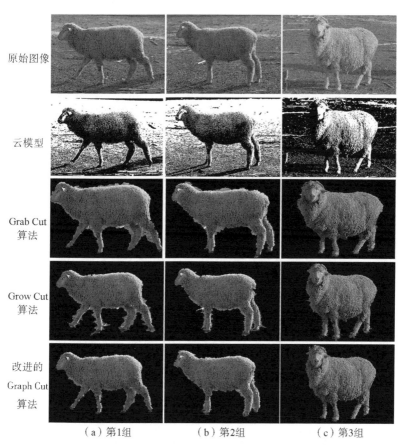

原始图像

云模型

Grab Cut
算法

Grow Cut
算法

改进的
Graph Cut
算法

（a）第1组　　　　　　（b）第2组　　　　　　（c）第3组

图 3-4　改进的 Graph Cut 算法与其他算法分割结果对比

将云模型的分割阈值设为 123，在分割结果中误将羊体背部光照
较强的区域分割为背景，丢失羊体信息。Grab Cut 算法采用迭代更
新和调整修正高斯混合模型（gaussian mixture model，GMM）的参
数，目的是让能量函数收敛于最小值，王钧铭[90]设置 GMM 参数迭

代 6 次。由于羊体图像的背景与羊毛的颜色接近，因此分割速度较慢，效果不佳。Grow Cut 算法是基于种子点的多标记算法，大致可以将羊体轮廓分出，能准确地提取差异较大的羊背部区域，且边缘完整、光滑。但对于羊四肢区域分割的边缘较粗糙，把很多背景区域误认为前景。而改进的 Graph Cut 算法是基于超像素，可以分割出完整羊体。由于羊毛不光滑，分割的边界稍微不顺畅，并且丢失部分细节，但误分割区域较少。

　　图中若存在多只羊，则利用改进的 Graph Cut 算法通过两次分割即可实现。首先，将羊体看作前景，图中剩余部分作为背景实施分割；接着，将完整的羊体作为前景，再利用改进的 Graph Cut 算法分割。两组图像分割结果见图 3 - 5。

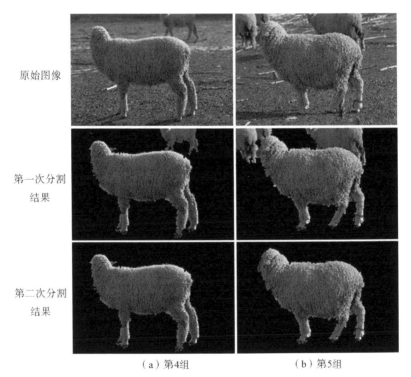

图 3 - 5　存在多只羊图像的分割结果

（2）交互时间　改进的 Graph Cut 算法的运行时间由分水岭算法预分割时间、FCM 聚类时间和 Graph Cut 算法分割时间构成。分割过程可能需要多次交互。因此，从用户标记完成到得出分割结果的交互时间作为反映算法的指标。改进的 Graph Cut 算法和其他3 种算法及传统的 Graph Cut 算法的交互时间对比见表 3-2。

表 3-2　各算法的分割时间比较（s）

图像	改进的 Graph Cut 算法	Grow Cut 算法	Grab Cut 算法	云模型	图割算法
第 1 组	6.16	11.67	30.26	3.63	10.19
第 2 组	6.57	17.64	29.75	3.69	12.67
第 3 组	6.68	16.52	30.60	3.85	11.40
第 4 组	6.76	9.42	29.25	3.64	20.50
第 5 组	6.25	10.96	29.68	3.67	16.19

由表 3-2 可见，云模型算法运行效率最高；改进的 Graph Cut 算法平均交互时间为 6.47s，交互时间缩短为 Grab Cut 算法的 21.7%，而 Grow Cut 算法的平均交互时间约为改进的 Graph Cut 算法的 2.04 倍。设一幅图像像素点数为 N，相邻像素所对应的边数为 E，则基于像素级的 Graph Cut 算法交互时间复杂度为 $O(E^3)$，而基于超像素的边数为 e，加之预处理的时间，改进的 Graph Cut 算法时间复杂度为 $O(e^3)$[99]。由于预处理后顶点数和边数明显减少，改进的算法效率更高，所以改进的 Graph Cut 算法的交互时间短。

（3）分割准确率　为了更客观、准确地定量评价试验分割结果，采用实验基地养殖人员人工标注分割图像来评价分割正确率。Han[100] 利用 F 度量值来评价图像的分割，$F = P \cdot R / [\zeta R + (1 - \zeta)P]$，取 $\zeta = 0.5$。其中，查准率 P 为人工标注与算法分割的目标中共有像素数目与总目标像素数的比例关系；查全率 R 为人工标注与算法分割目标中共有像素数目与算法分割的总像素数的比例关系。查准率 P 和查全率 R 的值均大时，才能获得较高正确率。F 越大，表示分割的结果越符合人类视觉的主观目标的判定。表 3-3 为图像分割结果的定量评估，由表可见改进的 Graph Cut 算法的分割效果较好，其 F 均稍优于 Grow Cut 算法。

表 3 - 3 查准率、查全率及 F 的计算结果

图像		改进的 Graph Cut 算法			Grow Cut 算法		
		P	R	F	P	R	F
图 3 - 4	第 1 组	0.992 3	0.914 1	0.951 6	0.932 9	0.956 6	0.944 6
	第 2 组	0.979 3	0.951 2	0.965 1	0.945 6	0.969 4	0.957 3
	第 3 组	0.988 7	0.946 7	0.967 2	0.961 7	0.970 1	0.965 9
图 3 - 5	第 4 组	0.982 1	0.953 3	0.967 5	0.934 4	0.974 8	0.954 1
	第 5 组	0.984 3	0.956 6	0.970 2	0.955 7	0.976 9	0.966 2
平均值		0.986 5	0.951 65	0.968 7	0.958 7	0.973 5	0.966 05

提出基于超像素的改进 Graph Cut 分割算法，融合多尺度分水岭算法对原始图像进行高效而准确的预分割，而且使用不确定性的 FCM 对预分割区域进行聚类，以 Lazy snapping 算法构建图割网络。改进的 Graph Cut 算法明显提高了能量函数的递减速度，达到了好的分割效果。最后从分割结果、运行时间、分割的准确率方面评价该分割算法。试验结果表明，改进的 Graph Cut 算法适合于羊体图像的分割，可以进一步提取羊体轮廓，为后续的羊体尺测点寻找奠定基础。

3.4 算法的适应性分析

为了验证分割算法的适应性，将利用双目摄像机采集的羊体立体图像对应用于改进的 Graph Cut 算法。

3.4.1 基于双目摄像机的羊体侧视图像获取

为减小双目立体视觉测量误差，将两摄像机的安装角度设为 $45°$，且两相机夹角对称分布；在采集图像时两摄像机的曝光时间和增益尽量设置一样；标靶放置在测量位置处，转动角度控制在 $20°～30°$；虽然较大的两摄像机距离可降低检测误差，但也会减小公共视野，所以需调整两摄像机的基线距离。

笔者团队于 2017 年 9 月 23 日，在呼和浩特市赛罕区巴彦镇白塔村养殖基地采集彩色蒙古羊图像。图像采集设备为 MV-VS120FM/FC

型号的摄像机。将两台摄像机固定在三脚架上，调节两台摄像机光轴距离为120mm。摄像机及镜头的参数为：固定焦距8mm，CCD尺寸 6.4mm×4.8mm，像素尺寸 4.65μm×4.65μm，分辨率1 280×960 像素。摄像机架设在距离羊体约3m的位置，成年羊的最大体长为890mm，体高为750mm，两台摄像机的公共视野 w 可依据公式（41）计算。

$$w = \frac{a}{f}z - b \qquad (41)$$

式中，w 为视野长度，a 为CCD边长，f 为摄像机焦距，z 为物距，b 为两台摄像机光心距离。由公式（41）计算公共视野范围为2.28m×1.68m可知，其大于羊的最大体尺参数，满足图像获取的需求。

调整左右摄像机，采集至少5张不同方向旋转的标定板图像，这些图像用于计算摄像机的内部和外部参数。采集的图像越多，摄像机的标定误差越小。由于镜头的畸变，采用非线性的标定算法对摄像机进行标定，求得镜头的径向和切向畸变，以修正特征点的计算机图像坐标；接着让羊头朝右、尾朝左站立于标定板处，用左、右摄像机采集侧面羊图像（图3-6）。白天采集图像，羊背部区域曝光过度，边界模糊导致测点寻找不准确。因此，在羊体左上方放置了挡光板（图3-7）。试验中采集11只不同大小、不同位姿的羊，共抓拍62组羊图像对。

（a）左摄像机图像　　　　　　（b）右摄像机图像

图3-6　过曝光羊体图像对

（a）左摄像机图像　　　　　　　　（b）右摄像机图像

图 3-7　带遮挡的羊体图像对

3.4.2　带色彩的多尺度 Retinex 羊体图像预处理

由于养殖环境中羊群、光照、挡光板等影响，图 3-7 中羊图像出现光照不均、对比度低、噪声干扰、阴影区域等，不利于进一步的分析。而 Retinex 理论阐述人眼系统如何感知场景中的亮度和色度，其图像模型由照射光和反射物体两部分构成，最终形成图像可表示为公式（42）。

$$S(x, y) = L(x, y) \cdot R(x, y) \qquad (42)$$

式中，$L(x, y)$ 表示周围环境亮度；$R(x, y)$ 表示景物反射，反映的是景物的反射能力。图像 $S(x, y)$ 中每一点为该点对应的 $L(x, y)$ 和 $R(x, y)$ 的乘积[101]。

Jobosn 等[102]证明高斯卷积函数可以从已知图像 $S(x, y)$ 中估计出亮度分量，即

$$L(x, y) = S(x, y) * G(x, y) \qquad (43)$$

式中，$*$ 表示卷积操作，$G(x, y) = k \cdot \exp[-(x^2 + y^2)/\sigma^2]$ 为高斯函数，σ 是尺度参数，其取值的大小代表高斯函数的作用范围，k 为归一化因子，且满足 $\iint G(x, y) \, dxdy = 1$。在离散的羊图像中，积分可转换为求和，所以参数 $k = 1/(\text{sum}\{\text{sum}[G(x, y)]\})$。将公式（43）带入公式（42）并转为以 e 为底的对数域，

相减得到 $R(x, y)$ 的对数，最后进行指数运算，恢复得到增强的图像 $R(x, y)$。对于 RGB 彩色图像的某一个通道，其单尺度 Retinex 算法采用公式（44）计算：

$$\ln[R_c(x, y)] = \ln[S_c(x, y)] - \ln[S_c(x, y)] * G(x, y)$$
$$(44)$$

式中，c 表示 RGB 彩色图像的某一通道，$c=1$、2、3，依次表示 R、G、B 通道。当选择不同的尺度参数 σ 时，图 3-7 中左图像的增强结果如图 3-8 所示。当尺度参数 σ 取较大值 250 时，图像整体色彩恢复自然，但是羊体纹理信息模糊 [图 3-8（a）]；σ 取较小值 30 时，可突显羊体的纹理信息，但整体图像颜色恢复差 [图 3-8（b）]。

（a）尺度参数 $\sigma=250$　　　　（b）尺度参数 $\sigma=30$

图 3-8　不同尺度参数的单尺度 Retinex 对左摄像图的增强效果

因单尺度 Retinex 算法增强效果不佳，多尺度 Retinex 算法选择对每个通道进行 3 次不同尺度的滤波，加权求和，计算量大。然而，在傅里叶变换域中卷积运算可转化为单纯的乘法运算，以减少计算量，提高算法的计算效率。同时，当采用不同尺度滤波时，增强图像的 RGB 的比值关系与原始图像不一致，存在颜色失真。RGB 每一通道的 σ 取值分别为 200、300 和 500，增强结果如图 3-9 所示。从图中可知颜色略微失真，若 σ 取较小值颜色失真的更严重。

图 3-9　多尺度 Retinex 对左摄像图增强效果

Rehman 等[103]提出带色彩恢复的多尺度 Retinex 算法，在算法中设置彩色图像三分量的比值调整因子 $C(x, y)$，$C(x, y)$ 采用公式（45）计算：

$$C(x, y) = \beta\left\{\ln\left[\alpha S_c(x, y)\right] - \ln\left[\sum_{c=1}^{3} S_c(x, y)\right]\right\}$$

（45）

式中，α 为非线性变换的强度控制因子，β 为增益常数。Jobson[103]，将 β 设置为固定值 46，调整参数 α，将改变分量比值调整因子 $C(x, y)$。当把参数 α 设置为 50、114 和 125 时，图 3-7 中对应的羊体图像增强效果见图 3-10。从图 3-10（a）、（b）和（c）中可知，参数 α 越小，其图像越偏暗，而且对图像亮度差异较大的区域产生光晕现象越明显；当 α 取值为 125 时，效果最佳，可以看出整个图像变亮，而且能清晰地看到羊体纹理和轮廓。带色彩恢复的多尺度 Retinex 算法对羊体图像中各颜色通道的关系进行保留，对细节和颜色恢复表现出较好的处理能力。

3.4.3　羊体图像分割结果

将上述羊立体图像对进行多尺度分水岭预分割，然后再应用改进的分割算法分割该图像。其中左图像的预分割效果如图 3-11。

第一次分水岭分割的区域个数为 37 711 个，第二次分水岭分割的区域数为 7 357 个，区域数明显减少。从预分割效果看，可知多尺度分水岭避免了过分割现象，也能够清楚地勾画出不同背景区域和羊体的边界。

<table>
<tr><td>（a）左图像α=50</td><td>（b）左图像α=114</td></tr>
</table>

（c）左图像α=125　　　　　　　　　　（d）右图像α=125

图 3-10　不同参数的带色彩的多尺度 Retinex 羊体图像预处理

（a）第一次分水岭分割效果　　　　　　（b）第二次分水岭分割效果

图 3-11　羊图像预分割效果

基于改进的 Graph Cut 算法的最终分割结果如图 3‑12 所示。

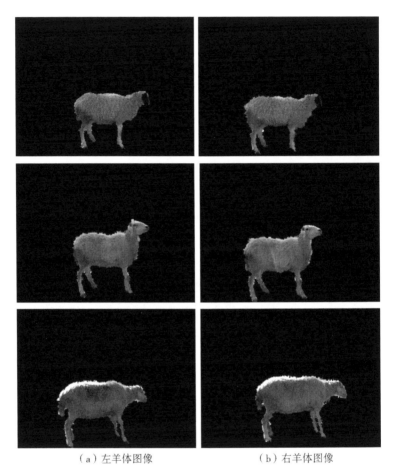

（a）左羊体图像　　　　　　（b）右羊体图像

图 3‑12　羊体图像分割结果

从图 3‑12 中可知，提出的基于改进的 Graph Cut 算法能够较准确地分割出羊体，但是由于是基于超像素块的分割算法，分割的边界较粗糙。总之，改进的算法适合羊图像分割。

3.5 本章小结

  针对复杂背景的羊体图像，以及传统的 Graph Cut 图割算法耗时长的问题，提出基于 Graph Cut 的多尺度的分水岭和 FCM 融合的分割方法。通过带色彩的多尺度 Retinex 图像增强，对图像实施多尺度分水岭分割，再利用 FCM 将分割区域前景和背景聚类，以分割区域为顶点构建网络，通过能量函数最小化实现分割的效果。多尺度分水岭能高效而准确地实现预分割，FCM 由于其不确定性，能更好地进行聚类。将多尺度分水岭和 FCM 融合明显提高了能量函数的递减速度，达到好的分割结果。从分割结果、分割的交互时间、分割的准确率三方面评价改进的分割算法。结果表明，改进的 Graph Cut 算法适合于羊体图像的分割，可以进一步提取羊体轮廓线，为后续寻找羊体尺的测点奠定基础。

4 羊体尺参数的测量

　　羊的体尺参数是用于衡量羊生长发育的主要指标，能够反映羊的生长状况、生产性能和遗传特性等。同时，体尺参数能间接反映畜体组织器官的发育情况，与家畜的生产性能、生理机能、抗病能力、对外界环境的适应能力等密切相关[104]。羊的体尺参数较多，主要包括体长、体高、臀高、胸围、管围、胸高、胸宽、胸深、腰角宽、臀宽等。

　　传统的羊体尺测量方法中：体长指坐骨端后缘点到肩胛骨前缘端点的直线距离；体高和臀高分别指鬐甲和荐骨最高点至地面的垂直距离；胸高指由胸骨前端到地面的垂直距离；胸围指肩胛骨后缘端点与地面垂直处绕胸部1周的长度；管围是左腿管骨上1/3处的水平周长；胸宽为肩胛骨后缘处羊体的体宽；臀宽为臀部最高点处羊体的体宽；胸深为鬐甲最高点到胸骨底面的距离；腰角宽指两髋骨突处的线段距离之和[30]（图4-1）。

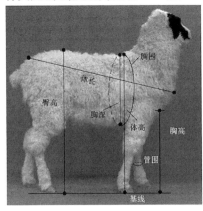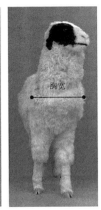

图 4-1　羊体体长参数测量示意图

国内外对羊体研究选用的体尺参数见表 4 - 1。

综上所述的文献表明，体长、体高、胸围、胸宽、胸深、管围、臀高、臀宽是表达生长特性、生产特性和选育性能的主要关键指标。结合项目的设备，考虑采集的立体羊侧面投影图，从侧视图像中提取羊体长、体高、臀高、胸深参数，对应的测点分别为坐骨端后缘点、肩胛骨前缘点、鬐甲点、臀高点、后蹄点、前蹄点、胸深点（图 4 - 2）。根据寻找到的体尺测点，再依据摄像机标定的结果，即可计算出羊体尺参数。

表 4 - 1　研究羊只所选用的体尺参数

目标	对象品种	阶段	性别	体尺参数
体重评估	Alpagota sheep	16～136 月龄	公、母	体高、体长、胸深[43]
	West African dwarf sheep	13～36 月龄	公、母	体长、体高、腰围、胸围、后腿长、后腿宽、头长等[105]
	Nigerian sheep	羔羊、成年	公、母	体长、胸围、体高、臀高、胸深、前胫骨长[106]
	苏尼特羊	成年	母羊	体高、体长、胸围、胸深、管围[25]
	Menz sheep	12 月龄	母羊	体长、体高、胸围、臀宽、尾长、尾周长[107]
	Zulu sheep	羔羊、成年	公、母	体长、体高、胸深、胸围、臀宽、臀高、管围等[108]
生长性能	萨福克羊	羔羊	公、母	体长、体高、胸围、管围、胸深、胸宽[104]
生产性能	Fat-tailed sheep	成年	母羊	体长、体高、胸围、胸深、肩宽、臀宽[109]
选育性能	雷州山羊	成年	母羊	胸围、胸宽、腰角宽、胸深[110]
	高原型藏羊	≤3 周岁	公、母	体高、体长、胸围[111]

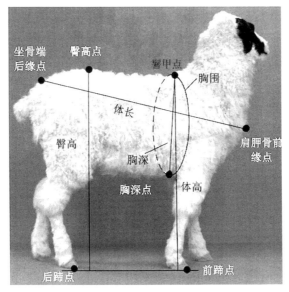

图 4-2　羊体尺参数的测点

在体尺参数获取的研究中，有采用交互式定位测点的研究，人为选取，自动化程度低。比如冯恬[37]等利用鼠标点击人工选择左图像中的测点，自动在右图像中出现匹配点所在的一条直线，随后在右图像的直线上选择与左图像具有相近位置的特征点（图 4-3）。测量体尺时直接点击相对应的测点，两测点之间所拉出的红色线条即体尺参数距离。还有将生成的牛体的点云数据导入中望CAD2014 软件中，依据软件寻找体尺测点，继而测量 3 次求取平均值[38]。

基于自动提取测点的研究自动化程度相对较高。岳伟等[112]将羊置于背景为黑白条纹相间的自制羊笼中，获取羊体侧视图，通过去除噪声、图像剪切消除干扰信息；利用 Sobel-Hough 直线、贝塞尔曲线拟合获取羊体背部轮廓；根据 D-P 算法和海伦秦九韶公式获得臀部测点，应用点到直线的最大距离原理定位肩胛点（图 4-4）。

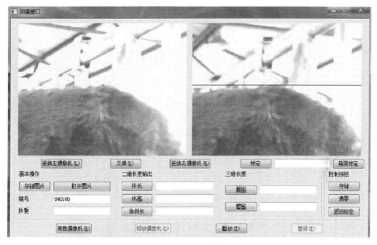

图 4-3 交互式牛体测点寻找

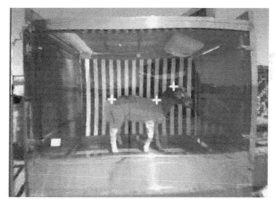

图 4-4 羊体臀部测点和肩胛点提取

刘同海等[34]采集猪体俯视图像，利用背景减法去除猪舍围栏等噪声背景，通过二值化、图像分割提取猪体轮廓信息，利用包络线算法去除头部和尾部对猪体体尺参数的干扰，基于轮廓的中轴线，依据各轮廓点到中轴线的距离寻找体尺测量的关键点（图 4-5）。

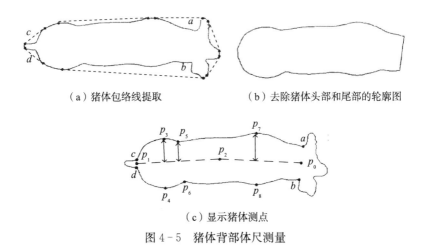

（a）猪体包络线提取　　　　（b）去除猪体头部和尾部的轮廓图

（c）显示猪体测点

图4-5　猪体背部体尺测量

结合国内外相关体尺参数的测量方法的特点，羊体尺参数计算如图4-6所示。

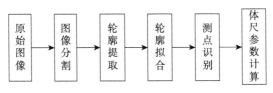

图4-6　羊体尺参数计算流程

4.1　羊体重预估

体重是肉羊养殖、种羊选育所关注的主要生长指标之一，也是评价羊体况的关键因素[105]。与体重相比较，羊的体尺参数更易测量。因此可以用易于获得的体尺参数估计羊的体重。为了确定检测的羊体尺参数，本节研究羊体重与体尺参数的关系，以确定所提取的体尺参数。仅选取14只成年蒙古羊为试验对象，对羊体尺数据和体重数据做相关分析，利用Pearson法检测显著性，结果见表 4-2。

表 4-2 体重与体尺参数间的 Pearson 相关性分析

项目	体重	体长	体高	臀高	体宽	臀宽	胸围	管围
体重	1	0.892**	0.876**	0.866**	0.737*	0.863**	0.874**	0.727*
体长	0.892**	1	0.871**	0.881**	0.837*	0.881**	0.951**	0.759*
体高	0.876**	0.871**	1	0.968**	0.652*	0.865**	0.886**	0.666*
臀高	0.866**	0.881**	0.968**	1	0.719*	0.916**	0.920**	0.752*
体宽	0.737*	0.837*	0.652*	0.719*	1	0.824*	0.877**	0.862**
臀宽	0.863**	0.881**	0.865**	0.916**	0.824*	1	0.964**	0.863**
胸围	0.874**	0.951**	0.886**	0.920**	0.877**	0.964**	1	0.832*
管围	0.727*	0.759*	0.666*	0.752*	0.862**	0.863**	0.832*	1

注：**表示在 0.000 1 水平下极显著，* 表示在 0.05 水平下显著。

从表 4-2 发现，体重与羊的体长、体高、臀高、臀宽、胸围体尺参数的相关系数均在 0.85 以上，具有极显著性；而与体宽、管围在 0.05 的水平下显著。体长与体高、臀高、臀宽、胸围参数存在极显著相关性；体高与臀高、臀宽、胸围的相关性较大。由此可见，体重与除体宽、管围外的其他参数均有关系。同时，各体尺参数间存在共线问题。

多元线性回归（multiple linear regression，MLR）分析是多元统计分析中应用最普遍的统计分析方法，多采用逐步回归法、最小二乘回归法等。它是指因变量与多个自变量（自变量个数≥2）相互之间存在线性关系。假设体重估测值 Y 与 k 个因素线性相关，其回归方程为：

$$Y = \beta_0 + \beta_1 X_1 + \beta_2 X_2 + \cdots + \beta_k X_k + \varepsilon \quad (46)$$

式中，β_0 是回归常数，X_i 为第 i 个可观测的变量（$1 \leq i \leq k$），β_1，β_2，…，β_k 是回归系数，Y 为预测值，ε 是随机误差。采用最小二乘法计算出最佳无偏估计的回归方程的系数。但是用于羊体重预测的体长、体高、臀高、臀宽、胸围参数之间存在统计相关性，不满足最小二乘法的假设。若采用最小二乘法估测，误差较大。针对消除各参数间的多重共性问题，多采用主成分分析方法[113]、偏最小二乘法[114]。

4.1.1 逐步回归法建模与分析

考虑到各体尺参数对羊体重影响的不同，本节通过逐步回归法构建羊体重与体尺参数间的线性回归模型。逐步回归法（stepwise regression，SR）是将自变量逐一引入，通过统计分析不断引入和去除自变量，直到回归方程中包含的变量均显著。从所有的变量中选择显著性最强的自变量，并构建回归方程，能确保最佳的自变量个数。

假设羊体重为 y，7 个体尺参数体长、体高、臀高、体宽、臀宽、胸围、管围依次用 $x_1 \sim x_7$ 表示，通过 SAS 软件，构建基于逐步多元性回归法的线性预估模型。在 0.5 的显著水平下，逐步回归法模型的统计分析结果见表 4-3。

表 4-3　逐步回归法的统计结果

引入的自变量	回归常数、系数回归方程	拟合度 (R^2)	F 统计量	显著水平
胸围	$y = -72.5506 + 1.2361x_6$	0.749 5	29.92	0.000 3
体高、胸围	$y = -109.4266 + 0.8175x_2 + 1.0161x_6$	0.886 0	10.78	0.009 5
臀高、体高、胸围	$y = -101.4195 - 1.0568x_3 + 1.5587x_2 + 1.1960x_6$	0.932 1	5.42	0.048 3

由表 4-3 可知，通过羊体的胸围、臀高、体高参数建立羊体体重预估模型，拟合度 R^2 为 0.932 1，比仅采用胸围和采用体高、胸围为自变量预估体重的拟合效果更好，也更能解释说明体尺参数对羊体重的影响。

从预测模型方程中得出，体重与体长无关，但是相关性分析中，体重与体长最为相关，显著性极强。因此，该模型不能用于体重预估。

4.1.2 偏最小二乘回归法建模与分析

偏最小二乘回归法（partial least squares regression，PLSR）是针对消除变量间的共性问题而提出的，结合了最小二乘法和主成分分析方法，允许在小样本量的条件下进行回归建模，允许自变量的测量中有误差。偏最小二乘回归法首先从自变量集中提出与体重相关程度最大的变量，组成第一主成分 u_1，然后建立体重与第一主成分的回归，如果回归方程达到满意程度，则停止算法。否则继续提取第二主成分 u_2，直到精度达到满意为止。最终对体尺变量提取 r 个主成分，建立因变量与主成分的回归方程，再还原表示为因变量与原始变量的关系。

考虑到体尺参数间存在自相关性，及测量值中可能存在误差，对羊体数据采用偏最小二乘回归法进行建模。假设 X_0 为 $n \times 7$ 维的羊体尺参数矩阵，Y_0 为 n 维向量，共采集 n 个样本数据。原始数据 X_0 和 Y_0 经过标准化后生成数据 X 和 Y。设 X 和 Y 的第一主成分轴向量分别为 w_1 和 c_1，则由 w_1 和 c_1 表示出 X 和 Y 的第一对主成分 t_1 和 u_1，其中 $t_1 = X \times w_1$，$u_1 = Y \times c_1$。

根据主成分回归思想，X、Y 分别对其主成分 t_1 和 u_1 进行回归建模，但是 X 和 Y 无法建立关系，利用 t_1 和 u_1 的相关性把 Y 改成对 X 的主成分 t_1 进行建模，见公式（47）。其中，E 和 G 为残差矩阵。

$$\begin{cases} X = t_1 p_1^\mathrm{T} + E \\ Y = u_1 q_1^\mathrm{T} + G \end{cases} \longrightarrow \begin{cases} X = t_1 p_1^\mathrm{T} + E \\ Y = t_1 r_1^\mathrm{T} + F \end{cases} \tag{47}$$

回归系数 p_1 和 r_1 的最小二乘法估计为：

$$p_1 = \frac{X^\mathrm{T} t_1}{\parallel t_1 \parallel^2}, \ r_1 = \frac{Y^\mathrm{T} t_1}{\parallel t_1 \parallel^2}$$

将 X 和 Y 的残差部分 E 和 G 分别作为新的 X 和 Y，按照上述方法进行回归，循环直到残差 F 达到精度要求，或者主成分数量达到上限，计算结束。

设最终共有 k 个主成分，则一系列向量可表示为 w_1，w_2，$\cdots$，w_k；c_1，c_2，$\cdots$，c_k；t_1，t_2，$\cdots$，t_k；u_1，u_2，$\cdots$，u_k；r_1，r_2，$\cdots$，r_k，最终原始数据 X 和 Y 表示为：

$$X = t_1 p_1^{\mathrm{T}} + t_2 p_2^{\mathrm{T}} + \cdots + t_k p_k^{\mathrm{T}} + E$$
$$Y = t_1 r_1^{\mathrm{T}} + t_2 r_2^{\mathrm{T}} + \cdots + t_k r_k^{\mathrm{T}} + F \tag{48}$$

将式（48）Y 写成矩阵形式为：

$$Y = TR^{\mathrm{T}} + F = XWR^{\mathrm{T}} + F \tag{49}$$

计算过程中的 W 和 R 可以利用 PLSR 进行预测。在羊体的体重预测中，提出两个主成分 u_1 和 u_2，交叉有效性为 $-0.085\,94$，其回归系数为 $-0.471\,2$ 和 $-0.213\,7$。

则体重标准化变量 $\tilde{y}$ 与体尺参数的标准化变量 $\tilde{x}_i$ 的函数回归方程为：

$$\tilde{y} = 0.3103\tilde{x}_1 + 0.2821\tilde{x}_2 + 0.1473\tilde{x}_3 + 0.0232\tilde{x}_4 +$$
$$0.1462\tilde{x}_5 + 0.2701\tilde{x}_6 - 0.0242\tilde{x}_7$$

还原 $\tilde{y}$ 与 $\tilde{x}_i$ 变量为初始 y 和 x_i 变量，则回归方程为：

$$y = -125.7088 + 0.6355x_1 + 0.5942x_2 + 0.3329x_3 +$$
$$0.0813x_4 + 0.6813x_5 + 0.3917x_6 - 0.2223x_7$$

式中，x_1 为体长，x_2 为体高，x_3 为臀高，x_4 为体宽，x_5 为臀宽，x_6 为胸围，x_7 为管围。

从回归系数可知，体长、体高、臀高、臀宽、胸围对体重的影响较大，体宽、管围对体重的影响极不显著。这和体重与体尺参数间的相关性分析结果相一致。用体长、体高、臀高、胸围体尺参数预测羊体重，建立回归预测模型，同样提取两个主成分，交叉有效性为 $-0.225\,7$，其回归方程为：

$$y = -121.0620 + 0.7397x_1 + 0.4332x_2 + 0.1935x_3 +$$
$$0.6669x_6$$

考虑到基于二维羊体侧面图像无法提取羊体的臀宽、胸围参数，以体长、体高、臀高为自变量预测羊体重，建立的回归预测方程为：

$$y = -120.2123 + 1.1914x_1 + 0.5358x_2 + 0.4706x_3$$

分别引入 7 个体尺参数，引入除影响体重影响较小的体宽和管围参数外的剩余参数，引入除体宽、管围、臀宽参数外的剩余参数，引入除体宽、管围、臀宽、胸围参数外的剩余参数，分别建立体重预估模型，称为模型 1、模型 2、模型 3、模型 4。利用模型对 10 组试验数据进行羊体重预测，并分析相对误差（表 4 - 4）。

表 4 - 4　不同模型的体重预测值及相对误差对比

序号	实测体重 /kg	预测体重/kg				RE_1/ %	RE_2/ %	RE_3/ %	RE_4/ %
		模型 1	模型 2	模型 3	模型 4				
1	62.14	63.73	65.51	66.17	61.83	2.56	5.42	6.49	0.50
2	61.2	56.55	58.47	57.96	57.05	7.59	4.47	5.30	6.78
3	30.3	28.13	29.56	30.51	29.73	7.18	2.46	0.69	1.87
4	35.5	32.83	33.75	34.23	36.73	7.52	4.92	3.59	3.45
5	56.2	55.89	56.44	56.00	54.55	0.56	0.42	0.36	2.94
6	52.07	47.93	49.68	48.88	48.92	7.94	4.59	6.13	6.05
7	47.8	50.36	49.03	49.22	50.79	5.35	2.57	2.97	6.25
8	44.9	45.97	45.83	44.92	44.76	2.37	2.07	0.04	0.30
9	30.2	32.55	33.08	31.88	32.33	7.77	9.53	5.56	7.06
10	44.1	44.32	42.46	43.86	44.06	0.49	3.72	0.53	0.08
	平均相对误差（%）					4.93	4.02	3.17	3.53

注：RE_1、RE_2、RE_3、RE_4 分别是模型 1、模型 2、模型 3 和模型 4 的相对误差。

由表 4 - 4 可知，模型 1 对 10 组数据的体重预测值的平均误差为 4.93%，最大相对误差为 7.94%，误差较大。模型 2 的平均相对误差为 4.02%，最大相对误差为 9.53%。模型 3 的平均相对误差为 3.17%，最大相对误差为 6.49%。模型 4 的平均误差为 3.53%，最大相对误差为 7.06%。与模型 1、模型 2、模型 4 相比较，模型 3 略优，误差相对小。所以，可利用体长、体高、臀高、胸围这 4 个参数来预测羊体重。但在二维图像中无法获取羊体的三维胸围参数，可利用模型 4 来估算羊体的体重。依据模型 3 和模型 4，下文将主要寻找羊体的体长、体高、臀高参数的测点。

4.2 轮廓提取

羊体的体尺测点可从羊体的轮廓线中提取，而轮廓线可利用边缘检测算法提取。边缘检测算子中基于一阶导数的算子有 Prewitt、Roberts 和 Sobel 算子；基于二阶导数的算子有高斯拉普拉斯算子（laplace of gaussian，LOG）及其改进算子；还有最优化的 Canny 边缘检测算子。

在边缘检测算法的实现过程中，一阶导数算子是利用图像与模板做卷积和操作，设置阈值以检测边缘轮廓线。Roberts 的模板大小为 2×2，它是基于局部差分，能确定边缘信息，但易漏掉部分信息；若图像没有进行平滑操作，则不能抑制噪声；该算子仅适合噪声少、边缘陡的图像。另外两种基于一阶导数的算子提取边缘的操作相近。第一步，对图像实施加权的平滑操作，其中两种算子的权值不同；第二步，进行微分运算。因对图像做平滑处理，所以对噪声有抑制作用，但是存在虚假边缘，且边缘宽度为多像素。拉普拉斯算子对图像中的阶跃型边缘点定位准确，对噪声敏感，抗噪能力弱，出现不连续的边缘信息。LOG 算子是对拉普拉斯算子的改进，利用高斯函数平滑处理图像，目的是提高抗噪能力，但是在平滑滤波的同时会弱化边缘，所以应针对不同的图像选择合适的参数。Canny 边缘检测算子基于最优化的思想，采用高斯函数对图像进行平滑处理，具有较强的抗噪能力和检测精度，可以形成单像素宽度的闭合、连通的边缘，被广泛应用于边缘检测。

与其他边缘检测算子相比较，Canny 算子具有好的信噪比和定位性能。具体可描述为以下 4 步。

（1）使用高斯滤波函数 $G(x，y)$ 来平滑图像 $f(x，y)$，得到平滑后的图像 $g(x，y)$，目的是抑制噪声。

$$g(x，y)=G(x，y)\times f(x，y) \tag{50}$$

其中

$$G(x, y) = \frac{1}{2\pi\sigma^2} e^{-(x^2+y^2)/(2\sigma^2)}$$

（2）用一阶偏导的有限差分来计算局部梯度幅值 $\nabla g(x, y)$ 和梯度方向角 $\alpha(x, y)$。

一阶差分卷积模板为：

$$s_x = \begin{vmatrix} -1 & 1 \\ -1 & 1 \end{vmatrix}, \; s_y = \begin{vmatrix} 1 & 1 \\ -1 & -1 \end{vmatrix}$$

$$G_x(x, y) = f(x, y) * s_x, \; G_y(x, y) = f(x, y) * s_y$$

式中，$G_x(x, y)$ 和 $G_y(x, y)$ 表示像素点 (x, y) 处 x 方向和 y 方向的一阶差分。

梯度幅值和梯度方向角为：

$$\nabla g(x, y) = \sqrt{G_x(x, y)^2 + G_y(x, y)^2} \quad (51)$$

$$\alpha(x, y) = \arctan \frac{G_y(x, y)}{G_x(x, y)} \quad (52)$$

（3）搜索定位图像梯度幅值中的局部极大值点，将非局部极大值设为 0，细化边缘信息，该操作称为非极大值抑制。

（4）设定阈值 T_1 和 T_2（$T_1 < T_2$），采用双阈值法检测边缘。依据梯度幅值和两个阈值判断像素属于边缘像素的强度。当梯度幅值介于两阈值之间为弱边缘像素，大于最大的阈值 T_2 即强边缘像素，八连接弱像素集为强像素实现边缘连接。

依据第 3 章图像分割的结果图提取羊体轮廓。由于改进的 Graph Cut 算法的分割边缘较粗糙，所以以提取轮廓线后进行平滑处理，实施行消除和列消除，以消除毛刺。轮廓提取流程如图 4-7 所示。

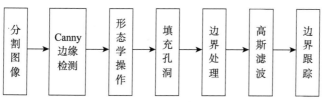

图 4-7 轮廓提取流程

　　通过填充孔洞、形态学开运算与闭运算操作之后，提取的羊体轮廓如图4-8（b），从中可以看出轮廓线不光滑，有些地方存在小的突刺。当经过行消除和列消除操作、高斯滤波处理之后提取的羊体轮廓线如图4-8（c），与图4-8（b）相比较，图4-8（c）的轮廓线更光滑。将提取的轮廓线附加到原始彩色羊图像如图4-8（d），则可清晰地看到轮廓线与羊体真实轮廓基本重合。

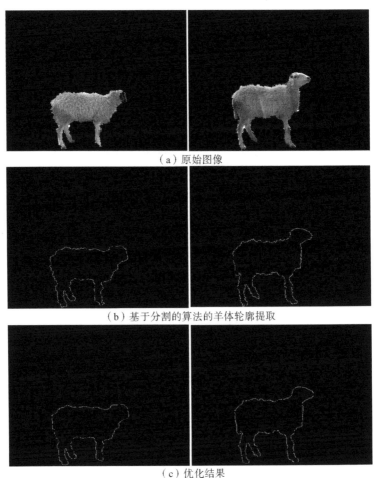

（a）原始图像

（b）基于分割的算法的羊体轮廓提取

（c）优化结果

（d）轮廓与原图像对照（红色闭合曲线为羊体轮廓）

图 4-8　羊体轮廓提取及优化

4.3　基于包络线分析体尺测点检测法

4.3.1　区间划分

依据从侧视图像中提取羊体的体长、体高、臀高、胸围、胸深参数，可知需检测的测点分别为坐骨端后缘点、肩胛骨前缘点、鬐甲点、臀高点、后蹄点、前蹄点、胸深点，各测点在侧视图中的特征如表 4-5 所描述。

表 4-5　各体尺测点的特征

测点	测点局部特征
坐骨端后缘点	尾部凸点
肩胛骨前缘点	胸部前端的凸点
鬐甲点	羊体背部最前端的隆起部位
臀高点	羊体坐骨结节最后隆凸出
后蹄点	后蹄的最低点
前蹄点	前蹄的最低点
胸深点	胸骨下缘，定位于前蹄后侧的凹点

为了方便提取各测点，首先将羊体的位置标准化，以羊体头部朝右、尾部朝左为标准方向。如果在采集图像中遇到羊体头部朝左、尾部朝右的图像，做镜像操作即可。为了能够快速地寻找各测点，提取羊体的包围盒，并划分为相等的 4 个区域（图 4-9），依

据各测点的特性分别在某一区域进行搜索。

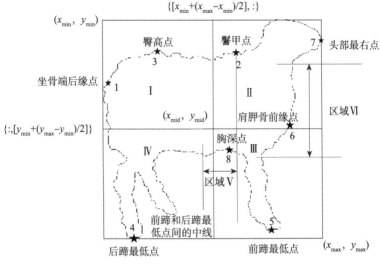

图4-9 羊体区域划分示意

图4-9中，(x_{min}, y_{min})和(x_{max}, y_{max})分别为包围盒左上角和右下角点的坐标，(x_{mid}, y_{mid})为包围盒的中心点，$\{:, [y_{min}+(y_{max}-y_{min})/2]\}$为包围盒的水平中线，$\{[x_{min}+(x_{max}-x_{min})/2];:\}$为包围盒的中垂线。从左到右顺时针依次为区域Ⅰ、区域Ⅱ、区域Ⅲ、区域Ⅳ。将鬐甲点的重垂线到前、后蹄最低点间的中线的下轮廓线定义为区域Ⅴ。将羊体脖颈到前肢肘端上缘测点之间的右轮廓线定义为区间Ⅵ。从图4-9中可知，坐骨端后缘点1、臀高点3在区域Ⅰ；鬐甲点2、头部最右点7在区域Ⅱ；前蹄最低点5和胸深点8在区域Ⅲ；后蹄最低点4在区域Ⅳ。

4.3.2 曲线拟合

曲线拟合是对一些离散的数据点定义某种函数关系的方法，方便操作离散的数据点[115]。经过图像分割、轮廓提取处理之后，所提取的轮廓线是以离散点的形式存在，同时考虑到基于超像素的分割，分割边界粗糙，存在噪声，而且离散的数据点不便于处理，不能准确地寻找到测点，所以需要拟合轮廓曲线。对于图 4-9 中的 8 个测点，由于受到羊毛的影响，鬐甲点 2 不易寻找；同样羊体姿态的多样性，羊体的肩胛骨前缘点位置也易发生变化，而区域Ⅱ和右侧轮廓线曲线基本服从高斯分布。因此，对区域Ⅱ的上轮廓线采用高斯函数，以实现快速、高效、准确的曲线拟合，以消除边界噪声。与直接在轮廓线上提取测点相比，从拟合后的轮廓线中获取测点位置的准确性有显著提高。

设拟合轮廓的一组数据点为 $(x_i,\ y_i)$ $(i=1,\ 2,\ \cdots,\ n)$，高斯拟合（Gaussian fitting）的形式如下：

$$y_i = a_1 \exp\{-[(x_i - b_1)/c_1]^2\} \tag{53}$$

式中，a_1 为曲线的峰值，b_1 为曲线峰值的位置，c_1 为曲线的半宽度信息。

将公式（53）转化为以 e 为底的对数，并变形整理得：

$$z_i = k_0 x_i^2 + k_1 x_i + k_2 \tag{54}$$

式中，$z_i = -\ln(y_i)$，$k_0 = 1/c_1^2$，$k_1 = -2b_1/c_1^2$，$k_2 = b_1^2/c_1^2 - \ln(a_1)$。

c_1^2 考虑全部的轮廓点数据，公式（54）的矩阵形式表示为：

$$\begin{bmatrix} z_1 \\ z_2 \\ \vdots \\ z_n \end{bmatrix} = \begin{bmatrix} x_1^2 & x_1 & 1 \\ x_2^2 & x_2 & 1 \\ \vdots & \vdots & \vdots \\ x_n^2 & x_n & 1 \end{bmatrix} \begin{bmatrix} k_0 \\ k_1 \\ k_2 \end{bmatrix}$$

用向量表示，可记为公式（55）：

$$\boldsymbol{Z} = \boldsymbol{XK} \tag{55}$$

采用最小二乘法，矩阵 $\boldsymbol{K}$ 的解为

$$\boldsymbol{K} = (\boldsymbol{X}^{\mathrm{T}}\boldsymbol{X})^{-1}\boldsymbol{X}^{\mathrm{T}}\boldsymbol{Z} \tag{56}$$

当已知矩阵 $\boldsymbol{K}$，可还原带估参数 a_1、b_1 和 c_1，从而获得高斯拟合曲线方程。

基于 Matlab 曲线拟合工具箱 cftool 对羊体背部区域Ⅱ的曲线进行拟合，cftool 工具箱包含多项式函数、高斯函数、指数函数、

插值函数以及幂函数等，每一种函数均有几种类型，其中，高斯函数包含8种类型。由于所拟合的羊体背部曲线大体呈正态分布，所以选择高斯函数算法进行拟合。从工具箱获得的误差数据中，决定系数 R^2 表示拟合优度，越接近1拟合效果越好。考虑算法复杂度影响计算的实时性，选择高斯函数中低阶次的算法进行拟合，一阶次无法实现拟合，其他阶次的拟合结果比较见图4-10。

(a)二阶(R^2=0.9521, *RMSE*=7.864)　　(b)三阶(R^2=0.9911, *RMSE*=3.410)

(c)四阶(R^2=0.9931, *RMSE*=3.028)　　(d)五阶(R^2=0.9977, *RMSE*=1.751)

(e)六阶(R^2=0.9978, *RMSE*=1.737)　　(f)七阶(R^2=0.9980, *RMSE*=1.667)

(g)八阶(R^2=0.9982, *RMSE*=1.574)

图4-10　不同阶次的高斯函数对背部曲线拟合结果

同样，类似地对羊体的右侧轮廓线实施高斯函数拟合，其效果如图 4 - 11。

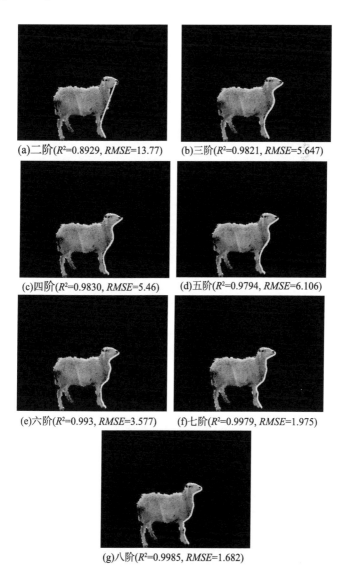

(a)二阶(R^2=0.8929, *RMSE*=13.77)   (b)三阶(R^2=0.9821, *RMSE*=5.647)

(c)四阶(R^2=0.9830, *RMSE*=5.46)   (d)五阶(R^2=0.9794, *RMSE*=6.106)

(e)六阶(R^2=0.993, *RMSE*=3.577)   (f)七阶(R^2=0.9979, *RMSE*=1.975)

(g)八阶(R^2=0.9985, *RMSE*=1.682)

图 4 - 11 不同阶次的高斯函数对右轮廓曲线拟合结果

从高斯函数不同阶次的拟合效果和决定系数 R^2 可知，阶次越高，拟合效果越好，决定系数 R^2 越接近于 1。当拟合阶次太低时，曲线的拟合精度不高，无法表达羊体的鬐甲点、肩胛骨前缘点。当拟合阶数太大时，又会出现过拟合，而且计算的复杂性大，耗时也长。观察拟合结果图发现 R^2 和 $RMSE$ 从四阶次开始变化较缓慢。因此，选择五阶次的高斯拟合函数对羊体的区域 II 的上轮廓线和羊体的右轮廓线实施拟合，轮廓线和拟合曲线的对比如图 4–12。从图中可知拟合曲线能够明确表达细节特征，同时平滑度较好。

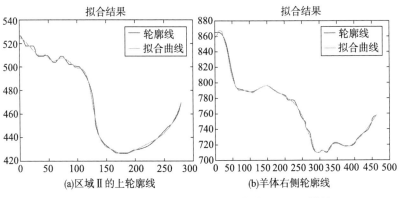

(a)区域 II 的上轮廓线   (b)羊体右侧轮廓线

图 4–12　轮廓线和高斯函数的拟合曲线的对比效果

4.3.3　基于包络线的体尺测点检测法

体高、臀高参数的测定需要确定地面基准线，将前蹄最低点和后蹄最低点的连线定义为基准线。常用的轮廓特征点提取方法是计算轮廓线上各点的曲率，这种方法的计算量小。鬐甲点在轮廓线上表现为羊体脖颈的凹点与背部凹点之间的凸点，所以在高斯曲线拟合的基础上通过寻找两个波谷之间的波峰值来检测鬐甲点。坐骨端后缘点采用局部曲率检测法，计算曲率最大的点即坐骨端后缘点。对于肩胛骨前缘点则采用欧式距离，通过建立头部最右端点到前蹄最右点的直线，对应的局部羊体右侧轮廓线到该直线的最短距离所对应的点即为肩胛骨前缘点。

　　曲率采用海伦-秦九韶公式计算，寻找连续 3 个点 A、B、C 构成△ABC（图 4-13），设各边长分别为 a、b、c，则半周长 $p =$ $(a+b+c) /2$，△ABC 的面积计算采用公式（57）计算。

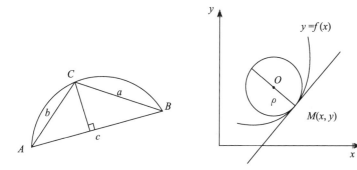

(a)臀部轮廓线特征点构成的三角形　　(b)曲线在 M 点处的曲率

图 4-13　轮廓点曲率求解示意

$$S_\triangle = \sqrt{p(p-a)(p-b)(p-c)} \qquad (57)$$

设△ABC 的外接圆半径为 R，则

$$S_\triangle = \frac{abc}{4R} \qquad (58)$$

　　图 4-13（b）中，圆表示曲线在 M 点的曲率圆，圆心点 O 和 ρ 分别表示曲率中心和曲率半径，由于曲率半径 ρ 倒数即曲线在 M 点的曲率 K，而曲率半径 ρ 即为圆的半径 R，根据公式（57）和（58）可得 M 点的曲率计算公式（59）。

$$K = \frac{4\sqrt{\rho(\rho-a)(\rho-b)(\rho-c)}}{abc} \qquad (59)$$

　　由于羊体轮廓线上的点太多，为了便于快速提取羊体测点，并减少计算量，提出基于包络线分析的羊体尺测点。包络线就找出一个面积最小的凸多边形，计算包络线和轮廓的重合点，部分测点就在此重合的点集中。提取的羊体的包络线和包围盒如图 4-14。

　　各体尺测点提取算法流程见图 4-15。

(a)羊体包围盒   (b)羊体包络线

图 4-14　提取的羊体包围盒和包络线

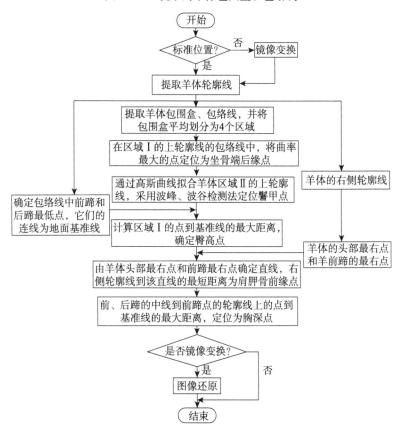

图 4-15　测点提取算法流程

各测点提取算法步骤如下：

Input：羊体的轮廓线上的点，记为 outline

Output：羊体的各体尺测点 point_hip、point_forehoof、point_afterhoof、point_hipheight、point_withers、point_jianjiaqianyuan、point_chest

1. 利用 Matlab 中的图像区域属性函数提取 outline 的包络线和包围盒，分别记为 convex 和 boundingbox；

2. 确定包围盒左上角、右下角、中心点的坐标，分别记为（x_{min}，y_{min}）、（x_{max}，y_{max}）和（x_{mid}，y_{mid}），并将包络线从左到右顺时针划分为 Ⅰ、Ⅱ、Ⅲ、Ⅳ 区域；

3. 统计区域 Ⅰ 的包络线的点，记为 newregion1

  If length（newregion1）≤3％ length 为计算数组长度函数
    选取区域 Ⅰ 的轮廓线的点，记为 newregion1
  End
  依次选取 newregion1 连续三个点，构成三角形，利用公式
（59）计算该点曲率
除 newregion1 起止点，依次计算每个点处的曲率，曲率最大的点记为 point_hip；

4. 在区域 Ⅱ 寻找横坐标 x 最大的点，并在此范围内搜索纵坐标最大的点，该点标记为 point_headright；

5. 在区域 Ⅲ、Ⅳ 分别搜索坐标最大的点，记为 point_forehoof、point_afterhoof，同时在区域 Ⅲ 确定前蹄最右的点，记为 point_forehoofright；

6. 依据 point_forehoof 和 point_afterhoof 点建立直线方程，设置为标准基线 l_1；

7. 区域 Ⅰ 中轮廓点为 upoutline1，Max（dist（upoutline1，l_1））对应的点为 point_hipheight；％ dist 为点到直线的距离，Max 为最大值；

8. 提取区域Ⅱ中上轮廓线 upoutline2，高斯函数拟合该轮廓线 fitoutline2；获取拟合线的局部最小值及对应的位置，记为 Ind-Min、IndMin_value，

$$[IndMin] = find(diff(sign(diff(fitoutline2))) > 0) + 1; \%$$

diff 为微分算子，sign 为符号函数

  If 存在一个波谷介于两个波峰之间，且该波谷为最后一 个波谷

   两个波峰之间鬐甲点 point_withers

  Else

   查找最后一个波谷，定义该点为鬐甲点 point_withers

  End

9. 由 point_headright 和 point_forehoofright 确定直线 l_2，提取 羊体右轮廓线 rightoutline，并用高斯函数拟合 fitrightoutline；

  If 从曲线左边开始，寻找第一个波谷和最小波谷

   则第一个波谷为 point1，最小波谷为 point2

   由 point1 和 point2 确定轮廓线段 outline1

   Min (dist (outline1，l_2))；% Min 为最小值

   距离最小的点为 pointjianjia_qianyuan

  End

10. 由 pointforehoof 和 pointafterhoof 确定它们之间的中线 l_3，加 之鬐甲点的重垂线 l_4，可以确定区域Ⅴ轮廓线 outline2；Max (dist (outline1，l_2)) 所对应的点为 point_chest

---

注：因曲线拟合过程中原点在左下角，而图像左上角为坐标原点，所以图像中的波 峰在拟合曲线中为波谷。

  采用体尺测点提取策略对侧视羊图像的体尺测点进行提取，结 果见图 4-16。

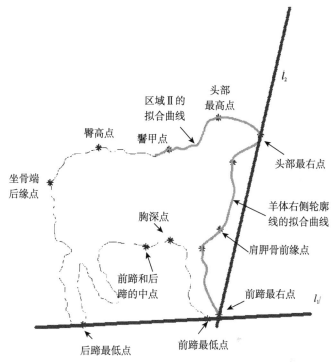

图 4-16　羊体图像测点提取结果

　　图 4-16 中对应图 4-9 的 8 个羊体尺测点的图像坐标值见表 4-6。依据测点提取可有效检测羊体尺参数。

表 4-6　提取的测点的图像坐标值

测点编号	测点图像坐标值	
	x 坐标值	y 坐标值
1	306	594
2	623	509
3	437	504
4	395	957
5	727	941
6	759	712
7	753	426
8	627	741

4.4　基于多姿态羊体测点提取

　　活体羊姿态呈现多样性，测点的位置易发生改变，或者出现局部特征点弱化和隐藏，因此要求测点提取算法有普适性。

　　为了检测算法的适应性，利用上述测点提取算法对不同站姿、体型的羊只图像提取体尺测点，结果见图 4 – 17。

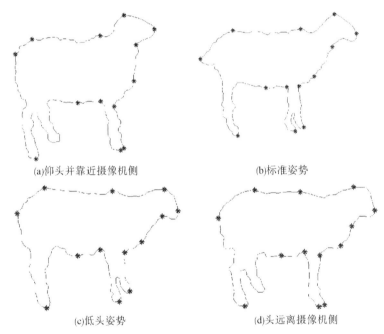

(a)仰头并靠近摄像机侧　　　　　　　　　　(b)标准姿势

(c)低头姿势　　　　　　　　　　(d)头远离摄像机侧

图 4 – 17　不同姿态羊体测点提取效果

　　针对图 4 – 17 中 4 种不同姿态、不同体格的羊，利用基于包络线的体尺测点检测法能够提取出羊体尺测点，但是有些测点位置出现偏离，例如图 4 – 17（b）中坐骨端后缘点。由于图 4 – 17（b）中该品种羊的尾巴短引起羊臀部轮廓线不光滑，误将尾部点当作坐骨端后缘点。图 4 – 17（d）中的羊体臀高点位置发生偏移。针对测点检测存在偏离和偏移的问题，分别提出相应的改进策略。

　　对于图 4-17（b）中的羊体提取其包络线［图 4-18（a）］，观察发现尾部的点集比较密集，所以坐骨端后缘点的优化策略是提取区域 Ⅰ 中的点集，依据点集的距离阈值判断某点附近的点集密集程度。如果该点密度大，则认为该点是凸点，删除该密度较大点集。将区域 Ⅰ 剩余的点集利用公式（59）依次计算曲率，曲率最大的点即坐骨端后缘点。而图 4-17（c）中臀高点的优化策略是搜索区域 Ⅰ 的上轮廓线到基线的最大距离。同时，依次保留相同距离所对应轮廓点。在羊头部向右、尾部向左的图像中，臀部最高点处于图像的左边，所以在距离相同的轮廓点中，搜索水平方向坐标最小的点，进而可以准确地定位羊体的臀高点。经过优化策略后，图 4-17（b）和（d）中的准确的坐骨端后缘点和臀高点见图 4-18（b）。

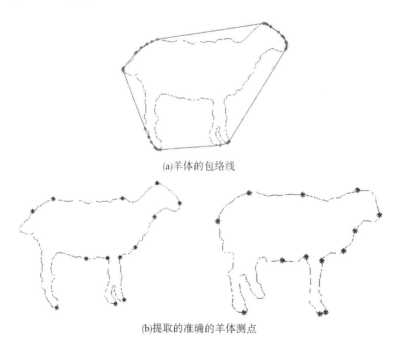

(a)羊体的包络线

(b)提取的准确的羊体测点

图 4-18　改进的羊体测点提取效果

4.5 体尺参数的计算

将羊体的前蹄最低点和后蹄最低点的连线定义为地面的基准线 l_1，鬐甲点到基准线 l_1 的距离为体高，臀高点到基准线 l_1 的距离为臀高，体长为坐骨后缘点到肩端点之间的欧式距离，胸深则定义为胸深点到鬐甲点之间的距离。各体尺测量示意图见图 4-19。

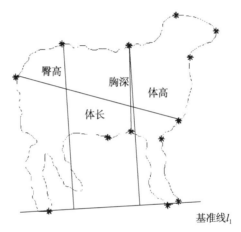

图 4-19 体尺参数测量示意图

以上获取的测点坐标均为计算机图像坐标系 uv，其单位为像素。为了计算出测点在世界坐标系 $O_w x_w y_w z_w$ 下的参考值，需要分别获取立体图像中对应的羊体测点计算机图像坐标。根据摄像机的内外参数和 2.2 节公式（14），即可确定每一测点的三维坐标值。

体长和胸深参数采用欧式距离公式（60）计算。

$$L = \sqrt{(x_i - x_j)^2 + (y_i - y_j)^2 + (z_i - z_j)^2} \quad (60)$$

式中，(x_i, y_i, z_i) 和 (x_j, y_j, z_j) 为体长或胸深参数两端测点的三维坐标，L 为体尺参数计算值。

臀高和体高参数利用测点到地面基准线 l_1：$Ax+By+Cz+D=0$ 的距离公式（61）计算。

$$d = \frac{|Ax + By + Cz + D|}{\sqrt{A^2 + B^2 + C^2}} \qquad (61)$$

式中，(x, y, z) 是测点的三维坐标，d 为计算的相应的体尺参数值。

4.6 羊体尺参数测量结果分析

为了验证基于双目立体视觉测量的羊体尺参数的精度，在图像采集过程中利用直尺、皮尺等人工量取羊体的体长、体高、臀高，测量 3 次取其平均值，并且保持人工测量点与体尺算法测点的一致性。试验选取体型、大小、年龄不同的 9 只蒙古羊，在 Matlab2009 环境下，应用基于包络线分析寻找测点方法计算羊体长、体高、臀高参数，寻找测点图像坐标，将体尺参数计算值与真实值进行对比分析（表 4 - 7）。

表 4 - 7 羊体尺算法计算结果与真实值的比较

立体图像对	真实值（cm）			计算值（cm）			相对误差（%）		
	体长	体高	臀高	体长	体高	臀高	体长	体高	臀高
1	75.00	72.20	76.60	76.77	74.42	74.85	2.36	3.07	2.28
2	75.00	64.20	67.20	75.02	62.54	68.35	0.03	2.59	1.71
3	82.00	77.40	78.40	80.50	76.46	78.01	1.83	1.21	0.50
4	79.60	74.60	76.50	77.86	72.73	74.68	2.19	2.51	2.38
5	80.00	70.00	70.50	78.18	70.28	72.08	2.27	0.40	2.39
6	83.00	74.50	76.00	85.05	77.71	74.72	2.47	4.31	1.68
7	78.00	65.00	65.90	75.86	65.65	66.48	2.74	1.00	0.88
8	71.00	61.30	64.50	72.50	60.97	65.92	2.11	0.54	2.20
9	75.00	78.60	77.10	72.83	80.84	78.09	2.89	2.85	1.28

体长、体高、臀高的相对误差最小值分别为 0.03%、0.40%和 0.50%，最大值分别为 2.89%、4.31%和 2.39%。9 只羊体尺参数绝对误差小于 3.5cm（图 4-20）。表 4-8 为体尺检测平均误差，3 个体尺的检测绝对误差均约 2cm。9 只羊的体长、体高、臀高，平均相对误差分别为 2.10%、2.05%、1.70%，相对误差均处于 2%左右。该误差主要由人为误差和羊体站姿的差异产生。与朱林[47]的单目测量结果相比，本方法实验测量结果更准确、可靠、稳定。

表 4-8 体尺检测平均误差

体尺	绝对误差（cm）	相对误差（%）
体长	1.63±0.62	2.10±0.84
体高	1.48±1.00	2.05±1.33
臀高	1.23±0.50	1.70±0.69

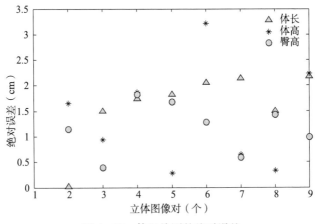

图 4-20 体尺检测的绝对误差

利用计算的体长、体高、臀高参数值，根据偏最小二乘回归法预估模型 4 预测 9 只羊的体重，真实值与预测值见表 4-9 和图 4-21。

表 4-9　体重预估值

立体图像对	真实值（kg）	预估值（kg）	误差值（kg）
1	44.1	46.35	2.25
2	30.2	34.84	4.64
3	49.3	53.37	4.07
4	47.8	46.66	1.14
5	50.07	44.51	5.56
6	56.2	57.92	1.72
7	35.5	36.63	1.13
8	30.3	29.85	0.45
9	48.8	46.62	2.18

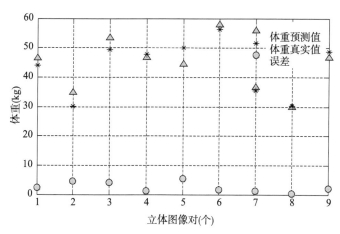

图 4-21　体重预测值与真实值比较

从图 4-21 中可知，羊体重的预测值与真实值非常接近。从表 4-9 中可知误差范围为 0.45～5.56kg，9 只羊的平均误差为 2.57kg，其中图像 2、3、5 中 3 只羊的误差稍微偏大。对误差的产生原因进行分析：一是来源于摄像机标定引起的误差；二是由于实际测量位置与测点位置存在偏差导致体尺参数计算的误差，经过预估模型后，该误差被放大，所以导致体重预测值与实测值的误差增大。因此，在测量时，要多次测量体尺参数，尽量保持测点位置的一致性，以减少测量和预测误差。

4.7　本章小结

本章主要阐述基于逐步回归法和偏最小二乘法建立羊体重预估模型，从而确定所提取的体尺参数。基于图像分割提取并划分羊体轮廓线，采用基于包络线算法检测羊体的体尺参数测点，区间划分和羊体包络线提取是为提高测点的搜索效率。对多姿态羊图像提取测点，并修正、优化测点。基于测点提取通过匹配测点计算羊的体尺参数，以验证测点提取的准确性。基于体尺参数测点的羊体尺参数测量的研究为羊的无接触、无应激提供了新方法，为羊养殖业提供了福利化生产思路，具有推广价值。

5 羊体图像匹配及三维重构

5.1 引言

　　基于双目立体视觉的测量中，图像匹配也是本书的主要研究内容之一。近年来，图像匹配算法一直是双目立体视觉三维测量、三维重建的研究热点，也是比较困难的一步。图像匹配的目的是从同一场景的立体图像对中得到最大相似的匹配信息。在羊体尺测量和三维重建中，匹配质量直接影响后续测量结果的准确性。图像匹配是通过获取左右图像对应的像点，获取视差图，结合摄像机的标定结果，实现羊体特征点三维坐标计算、羊体三维重建，为体型参数检测提供基础。

　　根据优化方式的不同，图像匹配大体分为基于局部和基于全局的匹配算法。前者匹配算法是把像素点及其邻域的局部特征看作匹配约束条件，然后建立匹配测度函数。这种方法的计算量小，对噪声敏感，对无纹理、重复纹理及遮挡区域的匹配效果不佳。按不同的匹配约束条件，对基于局部的匹配算法进行划分，可分为基于区域、基于特征、基于相位的匹配算法。基于区域的匹配算法采用像素点局部窗口间的灰度信息实现匹配，遍历图像的所有像素点，可得到稠密视差图，但是窗口的大小和形状不易选择。随后有自适应窗口方法、多窗口机制等不断地提出用以解决该问题[116-117]。卢思军[118]等对彩色图像的自适应多窗口匹配算法进行研究，为克服图像噪声、亮度对匹配的影响，对彩色图像实施分等级的改进 Rank变换，同时融入色差梯度约束条件和 Census 变换。试验结果表明，经过变换操作的匹配方法的抗噪能力强，且具有很好的匹配准确性。基于特征的匹配算法主要提取图像的几何特征，对噪声不敏感，仅对特征进行匹配，所以无须遍历整幅图像，因此，算法的复杂性低，且对视差不连续区域能很好地进行处理。该匹配算法对特征的依赖性强，而且获得稀疏视差图，若进行三维重建需进行插值运算。徐正光[119]等在频域下提取特征点坐标、空间域下提取特征描述子，用最近邻法则进行特征点匹配，该算法鲁棒性强。基于相位的匹配算法以相位为约束条件，有抗高频噪声，能获取密集匹配点，生产稠密视差，但是相位点难以寻找，若存在相位奇点、卷绕等现象，将产生错误的视差。

近年来，为提高立体匹配算法的匹配精度和准确率，许多学者对基于全局的匹配算法进行深入研究，并对其进行优化，提出动态规划、信念传播及图割等算法[120]。它们利用扫描线或整幅图像的信息进行匹配，本质是寻求能量函数的全局最优解，计算的复杂度高，算法的通用性较低。其中，动态规划立体匹配算法采用极线约束，在一组立体图像对所对应的极线上进行扫描，搜索最小匹配代价路径，采用顺序性和一致性约束求解全局能量最小化，从而获得视差图。该算法简单、效率高，但未采用行间一致性，导致结果视差图中产生条纹现象[121]。针对深度不连续区域视差图，Zhou等[122]提出基于微分光滑的动态规划匹配算法，该方法减少了误匹配率。置信传播立体算法将能量函数抽象化为马尔科夫随机场，再用置信传播算法推出后验概率最大的全局最优解；节点之间相互并行传递消息，更新当前马尔科夫随机场的标记状态，利用贝叶斯准则进行概率推断；经过多次迭代，当网络节点的置信度保持不变时，马尔科夫随机场达到收敛状态，每个节点达到最优。图割立体匹配算法是结合垂直方向和水平方向的连续性约束建立网格图，其中网格图的容量与图割的能量函数相一致，采用最小割搜索网格图的最大流。这些全局匹配算法的计算量大、运行速度慢，需要CPU等硬件来提高其速度，但是能解决匹配过程中对无纹理或者视差不连续的区域产生的误匹配现象。局部匹配算法的视差计算规则相对简单，处理速度和效率较全局算法高，实时性强，但是不能保证匹配的唯一性，存在误匹配的点，需要后期处理。

　　图像匹配是对参考图像中的点在待匹配图像中寻找同名点的非线性过程。其本质是通过遍历待匹配图像中的每个像素点，从而寻找出参考图像上相对应的点。假设一幅图像的像素点数为 N，则完成匹配所需要的时间复杂度为 $O(N^2)$，所需的计算时间长。实际上，图像匹配是一对一的关系，在匹配的过程中添加一些约束规则，例如极线约束、视差约束，以缩小匹配搜索范围，提高匹配效率。

5.2　基于 RANSAC 改进极线约束的特征点匹配算法

　　羊体图像是利用两个摄像机采集。与单摄像相比，双目摄像机提供基于摄像机的约束和基于场景的约束。而极线约束是基础，表达两幅图像的关系[123]。为了增强图像匹配的准确性和稳定性，许多人提出关于极线约束的立体匹配算法。例如，易成涛等[124]提出基于极线约束及马氏距离的角点匹配算法，该方法能够有效、快速地进行匹配，但是对于大差异图像及存在缩放等仿射变换的图像匹配效果不好。韩伟等[125]使用统计匹配像素点的平均高度差计算相机间的高度差，并将其与极限约束相结合，将搜索的范围缩小到极线上的一个区域，实现快速准确的匹配。吴楚等[126]提出基于极线约束的尺度不变特征变换（scale invariant feature transform，SIFT）的匹配算法，首先使用经典的 SIFT 方法对图像进行初始匹配，采用随机抽样一致性算法（random sampling consensus，RANSAC）计算基本矩阵，并利用极线约束的方法剔除误匹配。Zhao[127]为了提高封闭和纹理少的区域的匹配精度，提出唯一性、顺序和全局多约束条件的匹配方法。董明利等[128]提出基于图像校正技术和 RANSAC 方法相结合的特征点匹配算法，匹配率达到96%。李宗艳等[129]提出基于 SIFT、极线约束和单应矩阵相结合的匹配算法，试验结果表明该方法匹配率为100%。

从上述文献中可知，特征匹配是利用图像中稳定的特征点，可大大减小运算的数据量，简化计算量。极线约束是将匹配点定位于两幅图像中相应的极线上，更是大大地减小搜索范围。而基于 RANSAC 算法计算的基础矩阵匹配精度高，但初始样本选取的随机性导致其时间复杂度高[130]。因每一次采样的处理过程是相对独立的，因此可以多选取几组初始数据来提高算法的速度。

因此，本节提出 RANSAC 算法和对极距离约束相融合的特征匹配算法（本节简称"改进的极线约束匹配算法"），进而获取特征点三维坐标。在保证较高的精度和鲁棒性的情况下，大大减少了运算量，提高了图像匹配的速度。

5.2.1 特征匹配的相关理论知识

（1）极线约束原理　图 5-1 为双目摄像机的成像示意图，空间点 m 在两摄像机下所成的像点分别为点 m_1 和 m_2，o_{c1} 和 o_{c2} 分别表示两摄像机光心，由空间点 m、o_{c1} 和 o_{c2} 组成一个平面Ⅱ。两投影面 I_1 和 I_2 与平面Ⅱ所相交的直线 l_1 和 l_2 即极线，由于像点 m_1 和 m_2 既在两投影平面上，又在平面Ⅱ上，因此，极线必过点 m_1 和 m_2，称 l_2 为点 m_1 相对应的极线。同理，称 l_1 为点 m_2 相对应的极线。若平行摆放摄像机，则成像平面上的所有极线都平行于横轴，m_1 与所对应的极线 l_2 有相同的行坐标。某点的匹配点一定在该点对应的极线上，只需沿着待匹配图像对应的行上逐点扫描。这样匹配点的搜索范围将由二维整幅图像缩小到一条直线，从而可提高匹配的效率。两投影点 m_1 和 m_2 有如下约束方程：

$$\boldsymbol{m}_2^{\mathrm{T}}\boldsymbol{F}\boldsymbol{m}_1=0 \qquad (62)$$

式中，$\boldsymbol{F}$ 是秩为 2 的 3×3 的基础矩阵。它表示左、右图像点的映射关系，也包含摄像机的内外参数。基础矩阵的精度直接影响匹配的精度。因此，当已知基础矩阵 $\boldsymbol{F}$ 和任意摄像机下的像点，即可获取该像点的匹配点，所以接下来的任务就是计算基础矩阵 $\boldsymbol{F}$。

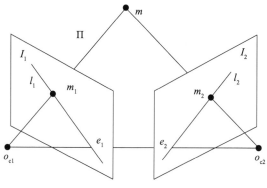

图 5-1 双目摄像机成像示意图

（2）RANSAC 算法 基础矩阵 $\boldsymbol{F}$ 表示的是匹配点对之间的对应关系。通常 $\boldsymbol{F}$ 的计算采用八点和改进的八点线性算法[131]，但是该方法估计的精度差，因此采用 RANSAC 并行计算对 $\boldsymbol{F}$ 估计并进行优化以提高计算速度[130-132]。通过并行随机重复选择 8 个数据点拟合基础矩阵，然后分别计算每个基础矩阵的内点数，由最多的内点数估算基础矩阵。以下为具体步骤。

1）为减少噪声的干扰，对左、右图像的所有特征点数据进行平移和尺度变换的规范化处理。

假设左图像和右图像的特征点个数分别为 N 和 N'（N、$N' \geqslant$ 8），左、右图像中任意特征点 $\boldsymbol{m}_{l1} = [u, v, 1]^{T}$ 和 $\boldsymbol{m}_{r2} = [u', v', 1]^{T}$ 分别执行公式（63），进行规范化处理，得到处理后的数据点 $\boldsymbol{m}'_{l1}$ 和 $\boldsymbol{m}'_{r2}$[133]。

$$\boldsymbol{m}'_{l1} = \boldsymbol{T}\boldsymbol{m}_{l1}, \quad \boldsymbol{m}'_{r2} = \boldsymbol{T}'\boldsymbol{m}_{r2} \qquad (63)$$

其中

$$\boldsymbol{T} = \begin{bmatrix} k & 0 & -k_m u_0 \\ 0 & k & -k_m v_0 \\ 0 & 0 & 1 \end{bmatrix}$$

$$u_0 = \frac{1}{N}\sum_{i=1}^{N} u_i, \quad v_0 = \frac{1}{N}\sum_{i=1}^{N} v_i$$

$$k_m = \frac{\sqrt{2}}{\sqrt{\dfrac{1}{N}\sum_{i=1}^{N}\left[(u_i - u_0)^2 + (v_i - v_0)^2\right]}}$$

同理，计算 $\boldsymbol{T}'$，得到 $\boldsymbol{m}_{r2}$ 规范化处理后的数据 $\boldsymbol{m}'_{r2}$。

2）利用八点法，并依据 CPU 的核数，随机选择 k 组数据，每组包含 8 对匹配点，分别为每组建立非退化模型，并引入 Sampon 加权算子计算匹配点到模型的距离，如果距离在阈值 t 范围之内，则认为是内点，其中 t 的取值范围为 $0.001\sim0.01$[134]。

3）记录 k 组中最大的内点数目及对应的基础矩阵 $\boldsymbol{F}$，并计算采样次数 q 的值。

$$q = \frac{\lg(1-p)}{\lg[1-(1-\lambda)^8]} \tag{64}$$

式中，p 表示 q 个采样点中至少有 1 个是内点的概率，要求接近于 1，所以 p 取值为 0.99，λ 表示误匹配率。

4）将 2）、3）步并行执行 q/k 次，保存内点最多的基础矩阵 $\boldsymbol{F}$ 的估计值和相应的内点数。

5）根据最多的内点数 L 重新计算 $\boldsymbol{F}$ 矩阵，由于左右图像的匹配点 m_{11} 和 m_{r2} 满足公式（65）。

$$\boldsymbol{m}_{r2}^{\mathrm{T}}\boldsymbol{F}\boldsymbol{m}_{11} = 0 \tag{65}$$

将公式（65）用向量表示为公式（66）

$$\boldsymbol{A}\boldsymbol{f} = 0 \tag{66}$$

其中

$$\boldsymbol{A} = \begin{bmatrix} u_1 u_1' & u_1 v_1' & u_1 & v_1 u_1' & v_1 v_1' & v_1 & u_1' & v_1' & 1 \\ u_2 u_2' & u_2 v_2' & u_2 & v_2 u_2' & v_2 v_2' & v_2 & u_2' & v_2' & 1 \\ \vdots & \vdots & \vdots & \vdots & \vdots & \vdots & \vdots & \vdots & \vdots \\ u_L u_L' & u_L v_L' & u_L & v_L u_L' & v_L v_L' & v_L & u_L' & v_L' & 1 \end{bmatrix}$$

$$\boldsymbol{f} = \begin{bmatrix} F_{11} & F_{12} & F_{13} & F_{21} & F_{22} & F_{23} & F_{31} & F_{32} & F_{33} \end{bmatrix}^{\mathrm{T}}$$

奇异值分解 $\boldsymbol{A}$ 矩阵为 $\boldsymbol{A} = \boldsymbol{U}\boldsymbol{D}\boldsymbol{V}^{\mathrm{T}}$，向量 $\boldsymbol{V}$ 的最小特征值所对应的特征向量为向量 $\boldsymbol{f}$，利用向量 $\boldsymbol{f}$ 可构造矩阵 $\boldsymbol{F}$。因为 $\boldsymbol{F}$ 的秩为

2，再奇异值分解 F 矩阵为 $F = UDV^T$，$D = \mathrm{diag}\ (d_1,\ d_2,\ d_3)$，$d_1 > d_2 > d_3$，则估计值 $F' = U\mathrm{diag}\ (d_1,\ d_2,\ 0)\ V^T$。

6）恢复 F，即 $F = T' \times F' \times T$。

（3）极线方程　获得基础矩阵，可进一步计算图像的极线。极线方程的表示形式为：$ax + by + c = 0$。左图像点 $\boldsymbol{m}_{l1} = [u,\ v,\ 1]^T$ 与其所对应的右图像的极线 l_2 由公式（67）计算：

$$l_2 = \boldsymbol{F} \times [u,\ v,\ 1]^T \tag{67}$$

同理：右图像点 $\boldsymbol{m}_{r2} = [u',\ v',\ 1]^T$ 对应左图像的极线 $l_1 = F' \times [u',\ v',\ 1]^T$。

图 5-2 给出左右两幅标定板图像的极线，图中"+"表示标志圆的特征点，图像的左上角为图像坐标系的原点，所以极线在图像边界之外的左上方。

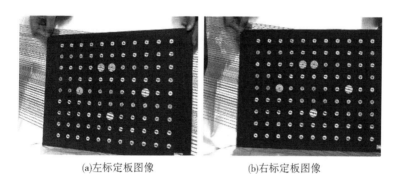

(a)左标定板图像　　　　　　(b)右标定板图像

图 5-2　左右图像特征点的极线

5.2.2　改进的对极距离的特征匹配算法

利用极线特征，通过计算对极距离 d_i 表征偏差以搜索匹配点，d_i 为两个匹配点所对应极线距离的和，计算公式为：

$$d_i = d_1 + d_r = d(\boldsymbol{m}_{l1},\ \boldsymbol{F}^T\boldsymbol{m}_{r2}) + d(\boldsymbol{m}_{r2},\ \boldsymbol{F}\boldsymbol{m}_{l1}) \tag{68}$$

式中，$d_1 = d\ (\boldsymbol{m}_{l1},\ \boldsymbol{F}^T\boldsymbol{m}_{r2})$ 为左图像的点 m_{l1} 到极线 l_1 的距

离，$d_r = d(\boldsymbol{m}_{r2}, \boldsymbol{Fm}_{l1})$ 为右图像的点 m_{r2} 到极线 l_2 的距离。通常利用匹配点的对极距离 d_i 之和小于阈值，将其作为正确的匹配点对。为了更准确地获取匹配点对，对极线距离 d_1 和 d_r 增加约束条件。由于匹配误差的存在使得 d_1 和 d_r 不为 0，所以在算法中先判断 d_1 和 d_r 是否小于阈值，进而再计算对极距离 d_i。

提取图像的特征点以及计算出基础矩阵 $\boldsymbol{F}$，即可采用改进的对极距离实现特征点的匹配，具体匹配流程见图 5-3。

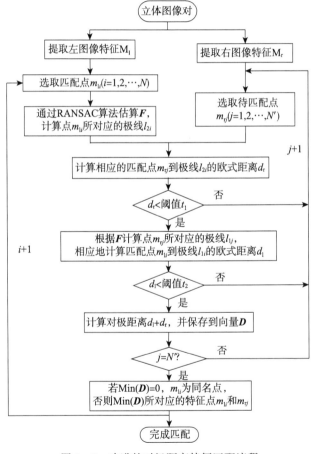

图 5-3　改进的对极距离特征匹配流程

设左图像的特征点为 M_1，右图像的特征点为 M_r，特征点个数分别为 N 和 N'，设 d_1 和 d_r 的初值为 0，具体的匹配步骤为：

（1）计算左图像匹配点 m_{li} 对应右图像的极线 l_{2i}。

（2）计算右图像中的每一特征点到极线 l_{2i} 的欧式距离 d_r，如果 d_r 小于阈值 t_1，在计算匹配点到该点的极线 l_{1j} 的距离 d_1，如果 d_1 也小于阈值 t_2，则将特征点 d_1+d_r 距离之和保存；否则，计算下一特征点。

（3）根据最小对极距离原则，若 $\min\,(d_1+d_r)$ 为 0，则匹配点 m_{li} 无同名，否则找 $\min\,(d_1+d_r)$ 所对应的右图像的匹配点，即找到当前匹配点对。

（4）寻找下一匹配点对，重复执行（1）～（3）操作，直到左图像的所有特征点完成匹配，该过程停止。

匹配过程中，根据图像对的对称性，利用双向匹配策略，引入对极距离和。而且在匹配过中极线约束缩小了搜索范围，得到可靠的匹配结果。

5.2.3　标定板图像匹配结果及分析

在 Windows XP 系统 Intel i5 的处理器下，首先对特征点比较整齐的 5 组标定板图像应用基于 RANSAC 的改进极线约束算法进行特征点匹配。经过多次运行程序可知，RANSAC 算法在计算基础矩阵时，收敛速度快，运行时间短。图 5-4 为选取第 5 组标定板图像的匹配结果，两幅图像假设正确匹配点对应为 99 个 [图 5-4（c）]；然而实际正确的匹配点为 97 对，匹配结果见图 5-4（d）和（e）。

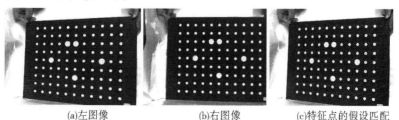

(a)左图像　　　　　　　　(b)右图像　　　　　　　(c)特征点的假设匹配

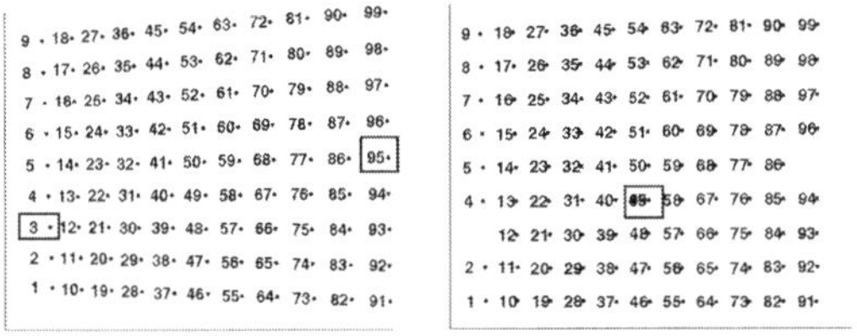

(d)左图像的匹配点　　　　(e)右图像的匹配点

图 5-4　匹配实验结果

将改进的极线约束匹配算法与改进的八点算法在误匹配点数和匹配率两方面进行比较，试验结果见表 5-1。

表 5-1　五幅图像对的匹配结果

立体图像对	特征点数	误匹配点数		匹配率（%）	
		改进八点法	改进的极线约束匹配算法	改进八点法	改进的极线约束匹配算法
1	99	17	1	82.83	98.99
2	99	15	3	84.85	96.97
3	99	27	2	72.73	97.98
4	99	33	1	66.67	98.99
5	99	42	2	57.58	97.98
平均值		27	2	72.93	98.18

从表 5-1 中可知，5 组图像对的误匹配点个数为 1~3，正确匹配率大于 96.97%，平均匹配率为 98.18%，而改进的八点算法的平均匹配率为 72.932%，可知改进的极线约束匹配算法比改进的八点算法匹配效果好。

5 组图像对的错误匹配点见表 5-2。

表 5-2　5 组图像对中错误的匹配点

立体图像对	错误的匹配点
1	(78, 7)

（续）

立体图像对	错误的匹配点
2	(2, 30) (87, 59) (96, 68)
3	(90, 38) (98, 37)
4	(17, 77)
5	(3, 49) (95, 49)

注：错误的匹配点 (i, j) 表示左图像的第 i 个特征点误匹配为右图像的第 j 个特征点。

依据图 5-4 中特征点位置，观察表 5-2 中的错误匹配点对发现，由于特征点坐标提取的不够准确，所以两匹配点所在的直线与极线接近重合，匹配点到极线的距离约为 0，导致错误匹配。任意选取图像中正确匹配的 6 个匹配点对，计算这 6 个点的三维坐标，求取其两两点之间的距离，并与实际值进行比较（表 5-3）。

从表 5-3 可知，通过改进的极线约束匹配算法计算的距离平均相对误差为 0.082 3%。

表 5-3　6 点之间真实值与计算值的比较

（起点，终点）	真实值（mm）	改进的极线约束匹配算法计算值（mm）
(1, 2)	30	29.986 4
(1, 3)	$30\sqrt{20}$	134.077 0
(1, 4)	90	89.935 2
(1, 5)	$60\sqrt{2}$	84.755 1
(1, 6)	$90\sqrt{2}$	127.166 9
(2, 3)	$30\sqrt{13}$	108.098 4
(2, 4)	$30\sqrt{10}$	94.813 5
(2, 5)	$30\sqrt{13}$	108.060 8
(2, 6)	$30\sqrt{13}$	108.073 0
(3, 4)	$30\sqrt{17}$	123.612 4
(3, 5)	180	179.833 1

（续）

（起点，终点）	真实值（mm）	改进的极线约束匹配算法计算值（mm）
（3，6）	$30\sqrt{2}$	42.398 3
（4，5）	$30\sqrt{5}$	66.999 3
（4，6）	90	89.922 9
（5，6）	$30\sqrt{26}$	152.802 9
相对误差（%）		0.082 3

5.3　羊体图像的立体匹配

5.3.1　基于模板匹配的羊体图像

模板匹配是将图像中一个模板范围内像素的特征组成特征空间，以这些特征的相关性为相似性度量，在空间范围内对可能像素点进行搜索，计算可能匹配点的相似程度并做排序操作，最大相关性的像素点被作为匹配点。该匹配算法不需要对图像进行分割和特征提取操作，利用数学模型判断匹配的相似性，算法较简单。

常用的相似度函数主要有绝对误差和算法（sum of absolute differences，SAD），公式定义为：

$$D_1 = \sum_{(u, v) \in w} |L(u, v) - R(u, v)| \qquad (69)$$

式中，$L(u, v)$ 和 $R(u, v)$ 分别为左、右图像上邻域为 (u, v) 的像素值，w 为模板窗口，D_1 为左右图像 1 个模板窗口大小的邻域内所有像素的灰度值差的总和。

基本思想是差的绝对值之和，将左图像某点的邻域与右图像模板窗口中每个像素对应数值之差的绝对值求和，以此来评估图像中两个点的相似度（图 5 - 5）。取左图像的待匹配点，并设定大小固定的窗口，以该点为中心计算窗口灰度值和；同样在右图像中以某一点为中心选择一样大小的窗口，计算窗口灰度值和，将两灰度值和做差，依次扫描右图像的点，将差值最小的中心点看作匹配点。其算法具体描述步骤如下：

Input：立体图像对，LeftImage 和 RightImage

Output：立体图像对的视差图

1．构造一个小窗口 w，创建矩阵 $\boldsymbol{D}$；

2．从上到下，从左到右扫描左图像 LeftImage，并选择 1 个锚点 $L（c，r）$；

3．将窗口 w 覆盖在以锚点 $L（c，r）$ 为中心的左图像 LeftImage 上，取出覆盖区域的像素点，记为 $L（u，v）$，且 $（u，v）\in w$；

4．同样用窗口 w 覆盖右图像 RightImage，并取出覆盖区域处所有的像素点，记为 $R（u，v）$，且 $（u，v）\in w$；

5．利用公式（69），计算 D_1，并存入矩阵 $\boldsymbol{D}$ 中；

6．循环执行 2～5，直至 RightImage 中在视差范围 d 以内的所有像素点均被覆盖；

7．计算 Min（$\boldsymbol{D}$），最小值所对应的点被认为 $L（c，r）$ 所求得匹配点。

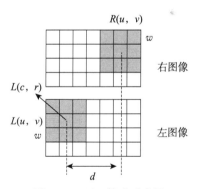

图 5-5　SAD 算法示意图

从 SAD 的算法步骤中可知，这种直接通过灰度差异求和的匹配算法易受到光照、模板窗口尺寸、噪声等干扰。因此，分别采集标本羊和活体立体羊图像对进行变换，以降低图像噪声的影响，提高匹配精度。

　　在基于图像变换的基础上，以 SAD 算法为相似度函数，选择 7×7 像素大小的模板窗口，利用基于模板灰度的算法匹配标本羊和活体羊，生成羊体图像视差图，匹配结果见图 5-6。

(a)左图像　　　　　　(b)右图像　　　　　　(c)视差图

图 5-6　原始羊体图像的 SAD 算法视差

　　从图 5-6 中可以看出，左右羊体图像的匹配效果并不理想，由于光照、窗口尺寸选择，图像中有些区域没有匹配，出现"黑洞"；同时，左右摄像机是从不同的角度采集羊体图像，羊体的边缘部分存在遮挡，导致这些边缘无法正确匹配，形成黑色带状区域。窗口尺寸的大小直接影响匹配的准确性。对于 SAD 算法，若模板尺寸选择得偏小，则不能体现羊体的特征信息。当选择 9×9 像素的模板窗口时，视差图效果不佳，"黑洞"略大。而过大的模板窗口，将导致算法复杂、运算量大，匹配效率降低。所以本文将基于模板灰度的匹配算法应用于羊体信息识别后的图像中，即利用 3.3 节中提出的基于改进的 Graph Cut 的羊体信息提取算法对羊体图像进行分割，去除图像中的干扰信息后再进行匹配，可以提高匹配算法的效率。匹配结果见图 5-7。

　　从图 5-7 可知，视差图中能够大致地展示出羊体的轮廓信息。与图 5-6 相比，标本羊的后腿区域和活体羊体前腿区域处的"黑

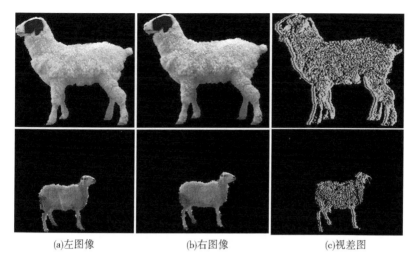

|(a)左图像|(b)右图像|(c)视差图|

图 5-7　去除背景后羊体图像的 SAD 算法视差

洞"明显减少，去除背景的匹配效果比原始图像略微有所改善。该算法可以满足三维重建的要求。

5.3.2　基于 SIFT 的羊体特征点匹配

基于模板灰度的匹配算法可以获得羊体连续的视差图，从而获得稠密的三维点云数据。重建的羊体三维精度高，可为后续的羊体尺参数测量奠定良好的基础。但是需要模板与图像中每一个像素做运算，计算量大。而基于特征点的匹配算法相对运算量小，因此成为立体匹配的研究热点。目前主流的特征点检测算法有 SIFT、Harris 算法。Harris 算法主要检测角点特征；而 SIFT 算法具有不变特性和稳定性，若图像的亮度发生变化或者有噪声干扰时，该算法具有较强的特征提取能力和鲁棒性，被广泛应用于特征点的提取中。对于露天养殖场采集的活体羊图像，羊体表富含丰富的纹理特征，且图像受到光照强度的影响，因此选取 SIFT 算法用于羊体特征提取。

5.3.2.1 SIFT 特征提取

SIFT 算法属于检测局部特征算法，于 1999 年由 D. G. Lowe 提出[135]。该方法所提取的特征点信息量大，包含特征点的位置信息、方向信息和尺度信息，因此在庞大的特征数据集中可高效地寻找到匹配点对。该算法的实质是对图像进行不同尺度的变换操作，在尺度空间中搜索关键点（特征点），计算关键点信息，将这些信息做成关键点的特征向量进行问题描述。这些关键点都是一些"稳定"的点，不受光照、噪声等因素的改变。匹配过程就是对这些特征点进行匹配。SIFT 算法主要分为以下三个部分。

（1）尺度空间构建　采用高斯卷积线性核对图像进行尺度变换，以构建尺度空间，目的是模拟原始图像数据的多层，从而保证尺度的不变性。假设二维图像 $I(x, y)$ 的尺度空间为：

$$L(x, y, \sigma) = G(x, y, \sigma) * I(x, y) \qquad (70)$$

式中，$G(x, y, \sigma)$ 是尺度可变高斯函数，且

$$G(x, y, \sigma) = \frac{1}{2\pi\sigma^2} e^{-(x^2+y^2)/2\sigma^2}$$

σ 为尺度因子，大小影响着图像的平滑程度。相邻尺度的可变高斯函数做差，并与原图像做卷积操作获得高斯差分尺度空间。

$$D(x, y, \sigma) = [G(x, y, k\sigma) - G(x, y, \sigma)] * I(x, y)$$
$$= L(x, y, k\sigma) - L(x, y, \sigma) \qquad (71)$$

（2）极值点检测及筛选　在构建的高斯差分尺度空间中，对于中间层中每一像素点与相邻层的 18 个点和同层的 8 个点作比较，检测极大值和极小值，以确保在二维图像上和尺度空间中都检测到极值点。若该像素点在 26 个像素点中是最大值或者最小值，则将该像素点看作候选的局部极值点。

检测的局部极值点易受到噪声和边缘的干扰，因此需要筛选局部极值点，删除边缘和低亮度特征点，以增强算法的鲁棒性，提高抗噪能力。

高斯差分尺度空间 $D(x, y, \sigma)$ 的泰勒展开式为：

$$D\ (\boldsymbol{X})\ =D+\frac{\partial D^{\mathrm{T}}}{\partial \boldsymbol{X}}\boldsymbol{X}+\frac{1}{2}\boldsymbol{X}^{\mathrm{T}}\frac{\partial^2 D^{\mathrm{T}}}{\partial \boldsymbol{X}^2}\boldsymbol{X} \qquad (72)$$

式中，向量 $\boldsymbol{X}=(x,\ y,\ \sigma)^{\mathrm{T}}$ 代表特征点的位置和尺度。

对公式（72）求导，可获得精确的候选点的位置

$$\hat{\boldsymbol{X}}=-\frac{\partial^2 D^{-1}}{\partial \boldsymbol{X}^2}\frac{\partial D^{\mathrm{T}}}{\partial \boldsymbol{X}} \qquad (73)$$

将公式（73）代入公式（72）得 $D(\hat{\boldsymbol{X}})$

$$D(\hat{\boldsymbol{X}})=D(x,\ y,\ \sigma)+\frac{1}{2}\frac{\partial D^{\mathrm{T}}}{\partial \boldsymbol{X}}\hat{\boldsymbol{X}} \qquad (74)$$

为去除低亮度的特征点，阈值设置为 0.03。如果 $|D(\hat{\boldsymbol{X}})|\geqslant$ 0.03，则特征点保存；若 $|D(\hat{\boldsymbol{X}})|<0.03$，则删除特征点。同时，通过分析极值点的 Hessian 矩阵特性可消除不稳定的边缘相应点。

（3）生成特征描述子　每个特征点方向依据该特征点邻域内像素的梯度方向来计算，以保证算法的不变特性。特征点 $(x,\ y)$ 在空间尺度为 L 的梯度方向和幅值采用式（75）。

$$m(x,\ y)=\sqrt{(L(x+1,\ y)-L(x-1,\ y))^2+(L(x,\ y+1)-L(x,\ y-1))^2}$$
$$\theta(x,\ y)=\arctan\{[L(x,\ y+1)-L(x,\ y-1))/(L(x+1,\ y)-L(x-1,\ y)]\}$$
$$(75)$$

在以特征点为中心的邻域窗口中，采用直方图直观描述该邻域窗口内像素点的梯度方向，每隔 45° 一个柱，共 8 个柱。直方图中方向最大值表示特征点的方向参数 θ。当完成 SIFT 特征检测后，每个特征点包含位置 $(x,\ y)$、尺度 (σ) 和方向 (θ) 信息。

按照特征点的方向需调整坐标，以保持不变特性（图 5-8）。

旋转后以特征点方向为主方向，以特征点为中心，选择大小为 16×16 的窗口（图 5-9）。图 5-9（a）每个小方格表示 1 个像素点，方格内箭头的长短表示像素点梯度幅值的大小，箭头所指的方向为像素点的梯度方向，对该窗口利用高斯实施加权运算。以 4×4 的小方格为基本单元，累加统计 8 个梯度方向，这就形成 1 个种子点［图 5-9（b）］。对每一特征点均选择 16×16 的样本窗口，4×4 小方格可形成一个包含 8 个梯度方向信息的种子点，则该特

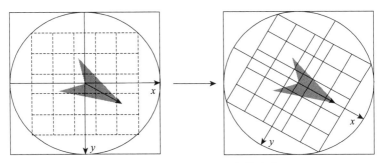

图 5-8　旋转特征点的坐标轴方向

征点可生成一个具有 128 维的向量，该向量所提取的信息具有旋转不变性的 SIFT 特征。

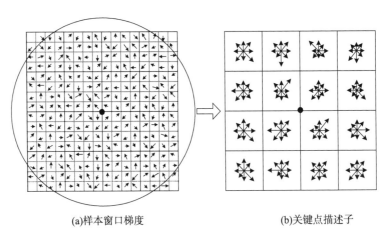

(a)样本窗口梯度　　　　　　　　(b)关键点描述子

图 5-9　特征描述子的生成

5.3.2.2　实验过程及匹配结果

　　通过 Matlab 实现 SIFT 算法，分别对标本羊和活体羊提取 SIFT 特征，结果见图 5-10。左右羊标本正面图像各提取 1 149 和 951 个特征，左右羊标本侧视图像各提取 2 084 和 1 986 个特征，左右活体羊图像提取 13 966 和 18 162 个特征。

(a)标本羊图像（正面）

(b)标本羊图像（侧面）

(c)活体羊图像（侧面）

图 5-10　左右羊体图像的特征点提取结果

　　提取完羊体特征之后，利用 5.2 节的基于 RANSAC 的改进极线约束的特征匹配算法对羊体图像进行匹配，算法中距离阈值 t 设置为 1。图 5-11 显示单个特征点的匹配结果，其中，标识"＊"表示匹配的特征点，线代表极线。

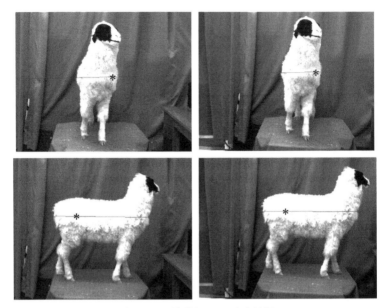

图 5-11　单特征匹配试验结果

　　为了验证改进的极线约束匹配算法，将其与传统的极线约束算法的匹配结果作比较。为了能够更好地描述出匹配结果，选取特征点数相对较少的标本羊正面图像，图 5-12 为两种算法的匹配结果。基于传统的极线约束算法的匹配结果中共有 333 对匹配点对，其中存在 2 对错误的匹配点对 ［图 5-12（a）］。而基于改进的极线约束匹配算法的匹配结果中 ［图 5-12（b）］共有 321 对匹配点对，与传统的极线约束算法相比，改进的极线约束匹配算法虽然减少了匹配点对数，但是没有误匹配点对存在。图 5-12（c）是将正确的匹配点进行叠加显示，可以看出所有的特征点对的连线均平行，因此，改进的极线约束匹配算法优于传统的算法。

　　在此，对从不同方向采集的羊体图像分别利用改进的极线约束匹配算法进行匹配，从而加强改进的极线约束匹配算法的说服力。羊图像如图 5-13 所示，匹配结果列在表 5-4 中。

(a)传统极线约束的匹配结果

(b)改进的极线约束匹配算法的匹配结果

(c)正确匹配点对的叠加显示

图 5-12　不同算法的匹配结果

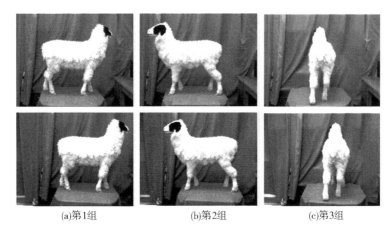

(a)第1组　　　　　　　　(b)第2组　　　　　　　　(c)第3组

图 5－13　不同方向的羊体图像

表 5－4　利用不同的方法对不同方向的羊体匹配结果

立体图像对	特征点数		传统的极线约束匹配算法		改进的极线约束匹配算法	
	左图像	右图像	总匹配点对数	误匹配点对数	总匹配点对数	误匹配点对数
第 1 组	2 084	1 986	1 026	2	1 018	0
第 2 组	2 226	2 010	998	2	991	0
第 3 组	1 182	1 061	397	3	394	0

从表 5－4 中可知，传统的极线约束匹配算法比改进的极线约束匹配算法获取的总匹配点数稍微多一些，但是前者的算法中存在误匹配点对，而后者的算法中没有，这就显示出改进的极线约束匹配算法的优点。

5.3.2.3　匹配算法性能分析

为了评估改进算法的性能，保持左图像不变，右图像分别做旋转和缩放操作。由于旋转的角度太小，看不出右图像的变化；旋转角度过大，羊图像发生形变，所以将旋转角度设定为 15°。为了能看清楚图像中的羊体，表达改进的极线约束匹配算法的性能，将羊体图像缩放为原始图像的一半。利用改进的极线约束匹配算法对操作后的图像做匹配，其结果见图 5-14。

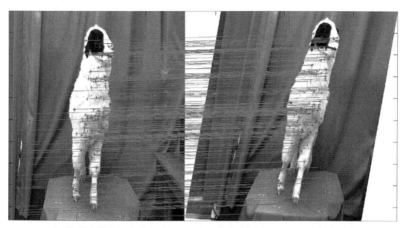

(a)旋转变换后的羊体图像匹配(右图像的特征点：1 173个)

(b)缩放操作后的羊体图像匹配(右图像特征点：711个)

图 5-14　不同变换操作的匹配结果

当右图像被旋转 15°和缩小为 50％时，其特征点数分别变为 1 173 个、711 个，匹配的点对数分别为 196 对、228 对。明显地，变换操作之后的特征点数减少，且相应的特征点对数也减少，但是匹配结果中不存在错误的匹配点对。特征点数和匹配点对数表明，二者不一定成正比关系，因为旋转操作改变了特征点的邻域，所以SIFT特征点的描述子发生变化，导致改进的匹配算法会丢失匹配点对。总之，虽然匹配点对数减少，但是其匹配结果均是正确的匹配点对。因此，改进的匹配算法具有稳定性、鲁棒性。

5.4 基于双目立体视觉的羊体三维重建与可视化

5.4.1 基于模板匹配的羊体三维可视化

视差是因为两台摄像机摆放位置不同，引起拍摄视角的不同，致使特征点在两幅图像中分别投影所产生。依据特征点视差，可恢复特征点三维坐标。设摄像机焦距 f，两摄像机光心 o_{c1} 和 o_{c2} 的距离为基线 B，空间点 P（x_w，y_w，z_w）的投影点为 P_1（x_1，y_1）和 P_2（x_r，y_r），理想情况下，两摄像机处于同一水平位置，可知 $y_1 = y_r$。依据三角几何关系得公式（76）：

$$\begin{cases} x_1 = f\dfrac{x_w}{y_w} \\ x_r = f\dfrac{(x_w - B)}{z_w} \\ y_1 = f\dfrac{y_w}{z_w} \end{cases} \tag{76}$$

因此，以左摄像机坐标系为世界坐标系，空间特征点 P 的真实坐标由公式（77）计算。

$$\begin{cases} x_w = \dfrac{B \cdot x_1}{x_1 - x_r} \\ y_w = \dfrac{B \cdot y_1}{x_1 - x_r} \\ z_w = \dfrac{B \cdot f}{x_1 - x_r} \end{cases} \tag{77}$$

　　基于模板匹配可形成羊体的稠密视差图，由视差图计算的羊体标本的三维结构见图 5-15。

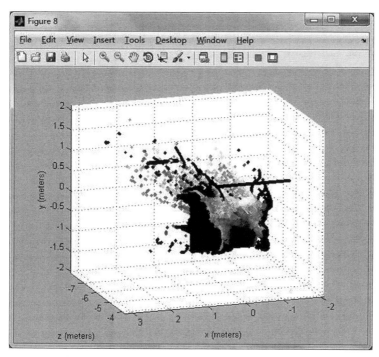

图 5-15　基于模板的羊体三维点云数据

　　图 5-15 中可呈现出羊体侧面的彩色三维点云分布，黑色表示背景。同时，生成的三维点云数据中存在错误的点，例如图 5-15 中显示远离羊主体的孤点，这些点是由于在立体匹配过程中存在错误匹配，导致羊体侧面视差图出现"空洞"。基于模板的羊体三维点云数据中存在背景点，所以无法将这些点拟合成面。

5.4.2　基于特征点的羊体三维可视化

　　空间中的任何物体均由点组成。通过获得大量的点云数据，由点构成线，继而再构成面，由面即可构成三维立体图形。基于空间点的三维重建是最基本的、简单的重建方法[136]。本节采用双目立体视觉技术生成大量的羊体点云数据，实现羊体的三维重建，它是利用同一场景所拍摄的左右图像来恢复空间中点的三维坐标及空间结构的过程[137]。为了能够快速获取羊体侧面区域特征点的三维坐标，便于羊体尺参数的提取，采用基于 SIFT 的改进的特征匹配算法，即基于 RANSAC 的改进极线约束的特征匹配算法。同时采集标定板和羊体图像，在摄像机标定的前提条件下，通过改进的特征点匹配算法提取特征匹配点对。其中，左摄像机的各个内参为：$[f_x, f_y] = [1785.8863, 1779.6148]$，主点坐标为 $[u_0, v_0] = [669.3863, 463.3837]$；右摄像机的各个内参为：$[f_x, f_y] = [1827.8090, 1832.4120]$，主点坐标为 $[u_0, v_0] = [668.3626, 416.6621]$；双目标定的结果为：

$$T = [-152.408 \quad -0.560486 \quad 61.4439]$$

$$R = \begin{bmatrix} 0.99712 & 0.00131 & 0.07576 \\ -0.00192 & 0.99994 & 0.00814 \\ -0.07575 & -0.00827 & 0.99706 \end{bmatrix}$$

依据双目立体视觉原理，应用最小二乘法求出特征点对应的三维坐标点，重构羊体的三维点数据组成羊体点云数据，可在三维坐标系下直接显示，同时可基于羊体点云数据实现曲面重构。但是在立体匹配过程中，特征点数量减少使得三维可视化的效果不佳。为了便于更清楚地表达羊体深度信息，可构建三维模型，实现羊体的三维重构。

通过 Matlab 软件实现羊体的点云数据的三维可视化，其结果见图 5 - 16。

从图 5 - 16 中得到稀疏的羊体三维点云数据。从这些三维点云数据中大致可以得出羊体的空间范围，长为 1.2m，宽为 1.2m，高为 0.6m，其中高指的是羊体的景深。由于生成的羊体点云过于稀疏，所以需要在重构的过程中对点云数据进行插值运算，形成稠密的点云，以便重构出光滑的羊体表面。简单的插值算法包括最近邻法、克里金法、反距离加权法及线性法等[138]。

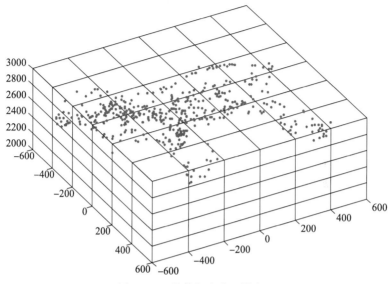

图 5-16 羊体标本的三维点云

最近邻插值法，顾名思义就是距待插值点距离最近的采样点信息赋予该插值点，算法简单。克里金插值法是依据待插值点的邻域内已知的采样点数据，在充分考虑采样点数据的属性与待插值点的关系及变异函数赋予的信息，基于无偏最优估计求取待插值点，插值效果好，但计算量大。反距离加权插值是将邻域内所有数据点的加权值作为待插值，且权重与待插点到采样点距离的 K 次幂成反比，该算法较简单，但未考虑采样点相互之间的空间约束关系，插值不精确。线性插值法也称作三角网法，它是将采样点数据通过构建三角形（通常 Delaunay 三角形）形成三角网。则三角形内任意一带插值点 $P(x, y, z)$ 的值可通过公式（78）线性插值计算而得：

$$P(x, y, z) = \sum_{i=1}^{3} w_i V_i(x, y, z) \qquad (78)$$

式中，$V_i(x, y, z)$ 表示相邻 3 个点所构成的三角形的顶点处的采样点属性值，w_i 表示某一顶点处的采样点属性的权值系数。三角网格化简单，易于实现，计算量小，因此，采用线性插值法对羊体标本的三维点云数据进行插值运算，生成稠密点云数据。

三维重构是实现羊体点云数据由点到面的过程，基于羊体的曲面模型，更有利于实现羊体参数的获取及研究。近年来，针对曲面重构提出基于 Delaunay、隐式曲面等的算法[139]。三角形是最简单的多边形，可以组成任意多边形，且在数学中三角形具有稳定性，利用三角剖分实现三维曲面重构是最普遍的方法。下面首先介绍三角剖分的定义，假设 V 为实数域中的点集；边 e 是封闭的线段，且以点集 V 中的点为端点，边 e 形成集合 E；对于点集 V，一个三角形剖分构成一个平面图。该平面符合下列 3 个条件：

（1）端点除外，点集 V 中任意点均不位于边中；

（2）平面图中所有的边均不相交；

（3）平面图均由三角面构成，且三角面的集合称为 V 的凸包[136]。

Delaunay 三角剖分是将散乱的点云数据转化为三角网格，具有诸多的优异特性，在实际应用中有着广泛的应用。它涉及 Delaunay 边和 Delaunay 三角剖分两个概念：

（1）边集 E 中端点为 a、b 的边 e 满足空圆特性，则边 e 称为 "Delaunay 边"。其中，空圆特性是指除端点 a、b 外圆区域内无点集 V 中的其他点。

（2）一个三角剖分仅包含 Delaunay 边，则称该三角剖分为 "Delaunay 三角剖分"。

如果点集 V 的一个三角剖分 T 只有 Delaunay 边，则该三角剖分称 "Delaunay 三角剖分"。

对于稀疏点云数据，采用 Delaunay 三角剖分法实现曲面重构的效果不理想。而 NURBS 曲面拟合是基于 B 样条函数，拥有几何不变特性和局部支撑性等[140]。NURBS 能用统一的数学函数来表示曲面，利用权因子可调整曲面的形状，所形成的曲面易于控制。其数学公式的定义为：

$$P(K) = \frac{\sum\limits_{i=0}^{n} N_{i,m}(K) R_i P_i}{\sum\limits_{i=0}^{n} N_{i,m}(K) R_i} \qquad (79)$$

其中

$$N_{i,0}(K) = \begin{cases} 1 & (K_i \leqslant K \leqslant K_{i+1}) \\ 0 & (其他) \end{cases}$$

$$N_{i,m} = \frac{(K - K_i) N_{i,m-1}(K)}{K_{i+m} - K_i} + \frac{(K_{i+m+1} - K) N_{i+1,m-1}(K)}{K_{i+m+1} - K_{i+1}}$$

式中，可由递推公式定义 m 次样条基函数 $N_{i,m}(K)$；P_i 为控制点，用于描述曲线位置；R_i 为确定控制权重的权因子，该值越大，曲线越接近于控制点；K 为节点矢量，用于描述 NURBS 曲线的变化，即随着 K 的变化，该曲线发生变化。

由 NURBS 拟合构建羊体曲面［图 5-17（a）］，并以色谱图的形式显示每块区域松弛后的偏差，偏差用于分析拟合曲面的几何精度［图 5-17（b）］。

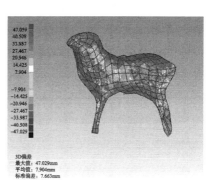

(a)重构羊体曲面　　　　　　　　(b)羊体曲面偏差

图 5-17　羊体重构结果

从图 5-17 的羊体重构结果图中可知，通过特征点提取、特征匹配、三维特征点计算、特征点插值、曲面重构过程能重构出羊体的基本三维曲面模型。通过松弛模型后偏差的统计，最大偏差为

＋47.029mm 和－47.029mm，平均偏差为 7.904mm，标准偏差为 7.663mm。曲面偏差结果表明，该羊体重构模型能满足±47mm 的几何精度要求。将基于特征点匹配与基于模板匹配的重构结果作比较发现，前者的重构结果更能清晰地显示羊体的三维模型。参考各体尺参数测点位置，在羊体三维模型中寻找测点数据，即可获得体尺参数。体长、体高、臀高通过测点的欧式距离计算公式。胸围、管围可抽象为一个圆，从羊体胸围处选取三个测量点组成三角形，将该三角形外接圆的周长近似看作羊体的胸围数据，管围数据亦然。由第 4 章 4.3.3 节中的公式（58），可推导出三角形外接圆的半径 R，所以羊体的胸围为 $C=4\pi R$，三角形的边长通过欧式距离进行计算。由于羊体的重构图仅是依据羊体的侧视图，所以仅重构出羊体侧曲面，无法计算羊体宽类参数。羊标本真实的体尺参数需利用皮尺、直尺等工具人工测量，其测量点与三维图像测点位置保持一致。考虑到人为误差，所以人工测量 3 次取平均值。为验证三维羊体重构模型的精度，将基于重构模型的羊体尺参数检测值与真实值对比，结果见表 5－5。

表 5－5　羊标本的三维模型检测值与实测值对比

体尺参数	三维模型检测值/cm	实测值/cm	绝对误差/cm	相对误差/%
体长	84.09	82.87	1.22	1.47
体高	76.09	73.43	2.66	3.62
臀高	77.42	74.7	2.72	3.64
胸围	108.14	104.15	3.99	3.83
管围	13.83	13.20	0.63	4.77

　　由表 5－5 中误差数据可知，羊体三维重构提取的体尺参数均比实测体尺数据大，误差范围为 0.63～3.99cm。其中，体长参数

的检测精度较高，相对误差为 1.47%；体高、臀高、胸围的检测精度相对较低，分别为 3.62%、3.64%、3.83%；而管围的检测精度最低，相对误差为 4.77%，但检测值与真实值仅相差 0.63cm。其误差主要由于人为误差及测量位置的选取引起。整体上，检测精度略微偏低，但误差在允许的范围内。

5.5　主动式羊体三维重建

逆向工程是一项对复杂外形曲面有很好适应性的工程反求计算，具有快速、精确地获取实物三维几何数据信息的优点。通过激光三维扫描仪获取点云数据，进行三维重构及量算，可以实现动物的无接触、无应激的参数测量。以标本羊为研究对象，利用激光扫描仪，获取羊体的点云数据，探讨分析羊体点云数据，对点云数据进行去噪和精简操作，降低点云数据量，再利用 Crust 算法实现羊体曲面三维重构，准确地提取羊体尺参数，为实现羊体无接触、无应激的体尺参数的计算提供新方法。

5.5.1　羊体点云数据采集

5.5.1.1　三维激光扫描仪组成及原理

根据传感方式的不同，物体表面三维点云的获取方式可分为接触式和非接触式。接触式获取方式有较高的准确性和可靠性，但是扫描速度慢、探头易磨损。由于非接触式捕获速度快和精度高，在逆向工程中有着广泛的应用[141]。试验中选取由加拿大形创公司研发的 REVscan 三维激光扫描仪，重量仅有 980g，主要由触发器、2 个 CCD 镜头、十字激光发射器、LED 发光灯部件组成。其中，CCD 镜头周围的 4 个 LED 灯光用于屏蔽外界光线的干扰。其工作原理是激光三角测距法，利用三角形的几何原理，求出扫描仪中线到扫描物体之间的距离 S（图 5 - 18）。CCD 接收点与激光发射点的距离为基线 L，该基线 L 与发射光线和经目标物体的反射光线在空间平面内共同构成一个三角形。

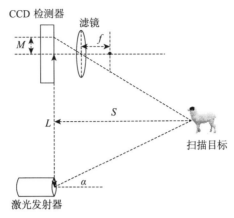

图 5-18   三角测距原理

激光束是由激光发射器向目标物体发射，当激光束遇到目标物体则发生反射，被 CCD 检测器检测[142]。反射光经滤镜后会发生偏移，偏移值为 M。激光扫描系统会同步测量出每个激光束的横向扫描角度，由此可以计算得出 M 和目标距离 S：

$$M = f \tan\alpha \tag{80}$$

$$S = \frac{L + M}{2 \tan\alpha} \tag{81}$$

基于三角测距原理的三维激光扫描仪中，高精度基线 L 一般比较短，故决定三角几何测量的测程比较短。

5.5.1.2   羊体点云数据获取

试验于 2017 年 3 月在内蒙古农业大学计算机学院图像处理与模式识别实验室进行，实验对象为 2～3 周岁苏尼特羊标本，利用扫描仪采集羊体点云数据。经过扫描仪校准和调整扫描仪的补光率，按动 REVscan 非接触三维扫描仪触发器，打开 LED 灯，同时"十"字激光发射器口发射激光，在羊体的表面上形成"十"字激光，激光束反射回来被 CCD 接收，记录"十"字丝上的三维点云数据，以".vtx"格式保存在计算机中，并在 Matlab 中导入点云数据并将格式转换为".txt"文件，完成羊体点云数据的获取[143]。

5.5.2　数据预处理及羊体三维重构

在扫描羊体的过程中，不可避免地受到外部因素的干扰，加上仪器自身的因素，使得获取的羊体点云数据中包含噪声点。同时，获取的羊体三维点云数据往往是散乱无序的，且扫描仪移动的速度越慢，数据量越大，进而影响后期的存储和处理，因此需要对羊体点云数据进行预处理。

5.5.2.1　点云数据去噪

获取的羊体三维点云数据见图 5-19，点云数为 340 927 个。

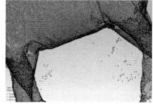

图 5-19　羊体三维点云数据

图 5-19 中的噪声点数据与大多数数据点完全相异，且远离主体模型，即所谓的离群噪声点[144-145]。由于传统的 K-近邻搜索方法在计算速度、搜索效率方面存在缺陷，采用基于空间分块策略改进的 K-近邻搜索方法剔除离群噪声点。将三维散乱点云数据投影到二维空间中，并栅格化，其搜索范围从 27 个相邻栅格减少到 9 个栅格，计算量明显降低，可显著提高搜索效率。

设由三维激光扫描仪获得的散乱点云的点集 $C = \{p_1, p_2, \cdots, p_n\}$，其中 n 为点云的总数，具体实现的主要步骤如下：

（1）将三维羊体点云数据分别投影到 XY、XZ、YZ 二维平面。

（2）对每一个二维平面中的散乱点云数据集划分平面网格。

（3）选择二维平面 XY，寻找任意一点云数据 p_i 的 k 个近邻点，求取测点与 k 个近邻点欧氏距离的平均值［由公式（82）求出]，其中 K（p_i）是点 p_i 的 k 个近邻点的集合；若当前测点所在矩形及其相邻的矩形内不足 k 个近邻点，点云数据可判定为孤立噪声点，直接删除。

$$\bar{d} = \frac{1}{k} \sum_{p_i \in K(p_i)} \| p_i - p_j \| \qquad (82)$$

（4）将测点 p_i 与近邻点的平均距离 $\bar{d}$ 和设定的阈值 D 作比较，若 $\bar{d} > D$，判定 p_i 为待删除点。

（5）对 XZ 和 YZ 平面分别执行步骤（3）和（4），如果同样判断 p_i 为待删除点，则删除该点；否则，予以保留。

试验在 Matlab 软件中，利用基于分块策略改进的 K-近邻搜索方法，可以有效地识别并剔除稀疏的离群噪声数据，剩余点云数据为 339 757 个（图 5 - 20）。

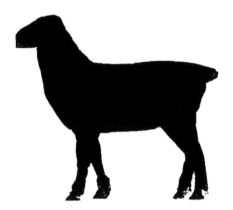

图 5 - 20　羊体点云去噪结果

5.5.2.2　点云数据精简

点云精简算法的目的是采用尽可能少的点云数据表示更多的信息，同时需保证处理的速度。通常经典的精简算法有随机采样、曲率算法、统一采样法等[146]。这些方法都是对全部的点云数据进行判断，在处理海量数据时计算量较大。采用 Wang[147] 提出的基于八叉树编码的点云数据精简方法，利用八叉树编码法划分点云邻域空间为多个指定边长的子立方体，保留每个子立方体中距中心点最近的点，从而实现点云数据的精简。主要步骤如下：

（1）确定点云八叉树划分层数 n，满足：

$$d_0 \times 2^n \geqslant d_{max} \tag{83}$$

式中，d_{max} 为点云数据包围盒最大边长，d_0 为点距。

（2）对点云数据进行 n 层的八叉树划分，并计算数据点 $P(x, y, z)$ 在子立方体中的八叉树编码值。依据包围盒的最小点 $(x_{min}, y_{min}, z_{min})$，由公式（84）确定数据点 $P(x, y, z)$ 在子立方体中的空间索引值 (i, j, k)，并将索引值转为二进制，依据公式（86）即可得出数据点 P 的八叉树编码值，则点 P 所在的子立方体对应的八叉树编码由公式（87）表示。可由点距与空间索引值求得子立方体的中心点。

$$i = ceil\big[(x - x_{min})/d_0\big]$$
$$j = ceil\big[(y - y_{min})/d_0\big] \tag{84}$$
$$k = ceil\big[(z - z_{min})/d_0\big]$$

$$i = i_0 2^0 + i_1 2^1 + \cdots + i_m 2^m + \cdots + i_{n-1} 2^{n-1}$$
$$j = j_0 2^0 + j_1 2^1 + \cdots + j_m 2^m + \cdots + j_{n-1} 2^{n-1} \tag{85}$$
$$k = k_0 2^0 + k_1 2^1 + \cdots + k_m 2^m + \cdots + k_{n-1} 2^{n-1}$$

式中，$i_m, j_m, k_m \in \{0, 1\}$，$m \in \{0, 1, \cdots, n-1\}$。

$$q_m = i_m + j_m 2^1 + k_m 2^2 \tag{86}$$

$$Q = q_{n-1} \cdots q_m \cdots q_1 q_0 \tag{87}$$

（3）按编码值从小到大的顺序重新存储点云数据，并将相同编码值的点存储在同一链表中。

（4）逐个扫描同一链表中的数据点，仅保存离子立方体中心距离最近的数据点，实现均匀点云数据的精简。

去噪后的羊体点云数据共包含数据点 339 757 个，分别利用统一采样法、曲率法、格栅法和八叉树编码法进行点云精简（图 5-21 和表 5-6）。

(a)曲率法(精简百分比：30%) (b)格栅法(精简距离：6mm)

(c)统一采样法(精简距离：5mm) (d)八叉树编码法

图 5-21 四种精简算法的结果

表 5-6 不同精简算法对羊体点云精简结果比较

算法	精简后数据点数	精简比例（％）
曲率法	101 927	30.00
格栅法	57 504	16.93
统一采样法	45 215	13.31
八叉树编码法	19 615	5.77

图 5-21（a）为指定精简百分比为 30％精简后的点云，图 5-21（b）和（c）为指定精简距离分别为 6mm 和 5mm 的精简结果。从图 5-21 中可知，曲率法能够减少平坦区域内的点

数，其他 3 种算法精简后的点云在空间分布均匀，但是八叉树编码法的点云比较稀疏，并且保留羊体的特征，适合数据的后续处理。

从表 5-6 中可知，基于八叉树编码法的精简后的数据个数最少，曲率法精简后的点云数据最多，是八叉树编码法的点云数据的 5 倍。

5.5.2.3 羊体三维重构

三维重构实现羊体数据由点到面的过程，基于羊体的曲面模型，更有利于实现羊体参数的获取及研究。跟 Delaunay 三角剖分具有很大联系的是 Voronoi 图，它是基于距离的平面划分方法，由一组相邻点的垂直平分线组成的多边形。而 1999 年由 Amenta 等[148]提出的 Crust 算法正是基于 Voronoi 图和 Delaunay 三角剖分。本节采用经典的 Crust 算法构建曲面模型。

选取基于八叉树编码法精简后的 19 615 个点云数据，采用 Crust 进行羊体三维曲面重构，重构结果见图 5-22，包含 39 196 个三角形，与其他精简算法的重构时间相比较的结果见表 5-7。利用其他精简后的数据实现重构，均出现较大面积的三角形，或者后蹄的重构效果出现粘连现象。

图 5-22　八叉树编码法精简后的三维重构结果

表5-7　不同精简算法的羊体重构运行时间

精简算法	精简后数据点数	重构时间（s）
曲率法	101 927	34.27
格栅法	57 504	25.84
统一采样法	45 215	14.74
八叉树编码法	19 615	6.09

基于八叉树编码法的重构时间最少，且精简后的点云数量与重构时间成正比。从图5-22的羊体重构图中可以清楚看到羊的耳朵，但是羊前蹄的边缘出现了少量的毛刺，这是由于羊蹄与地面接触，难以完整地获取羊蹄边缘的点云数据。但是对于羊体尺参数测量影响较小，接下来便可量算羊体尺参数信息。

5.5.3　羊体尺参数提取与分析

通过点云数据构建的羊体三维曲面，可以提取羊体的体长、体高、臀高、臀宽、胸宽、胸围、管围等参数。计算公式参考本书4.4部分内容，管围和胸围将拟合成圆形。在胸围、管围处寻找3个测点，由这3点拟合成圆形，将圆的周长值近似看作胸围和管围参数值。

为了验证羊体三维曲面重构测量的精度，将实测值与杰魔软件和Crust的三维重构算法的体尺参数测量值进行比较，结果见表5-8。

表5-8　羊体尺三维检测值与实测值比较

参数	真实值	杰魔软件检测值	Crust的三维重构算法检测值
体长/cm	82.87	81.87（1.21%）	82.41（0.56%）
体高/cm	73.43	74.25（1.11%）	72.87（0.76%）
臀宽/cm	28.07	27.26（2.89%）	27.64（1.53%）
臀高/cm	74.70	74.68（0.03%）	74.24（0.62%）

（续）

参数	真实值	杰魔软件检测值	Crust 的三维重构算法检测值
胸围/cm	104.15	105.77（1.56%）	105.68（1.47%）
管围/cm	13.20	13.53（2.50%）	13.75（4.17%）
胸宽/cm	27.40	27.16（0.88%）	27.18（0.80%）
最大误差/cm	—	1.62	1.53
最小误差/cm	—	0.02	0.22
平均相对误差/%	—	1.45	1.41

注：括号中的数值为相对误差。

基于杰魔软件和 Crust 的三维重构算法的羊体三维模型参数的测量值与真实值相比较：利用杰魔软件测量的体尺参数的最大相对误差为 1.62cm，最小误差为 0.02cm，平均相对误差为 1.45%；而利用本节算法实现三维重构的测量最大误差为 1.53cm，最小误差为 0.22cm，平均相对误差为 1.41%。对于体长、体高、臀宽参数，杰魔软件的测量误差均大于 Crust 的三维重构算法；对于臀高参数的计算，杰魔软件的测量值误差小于 Crust 的三维重构算法；胸宽的测量值难以比较，是由于三维空间中胸宽的测点不容易准确寻找；胸围和管围的误差最大，这是由于将椭圆拟合成圆所产生的。总之，基于杰魔软件和 Crust 的三维重构算法的三维重构计算的体尺参数具有较高的准确度。

5.6 不同方法的羊体尺检测结果分析

主动式羊体三维重建模型提取的羊体尺参数精度高，通过扫描羊体获取点云数据，采用逆向工程实现动物的三维重构及测量。将主动式羊体三维模型提取的体尺参数作为羊体三维检测的参考值，对基于双目立体视觉三维重构的体尺检测值进行分析，结果见表 5-9。

表 5-9　不同重构方法对羊标本的体尺检测值的比较

体尺参数	主动式三维检测值/ cm	双目三维检测值/ cm	$RE/$ %
体长	82.41	84.09	2.04
体高	72.87	76.09	4.42
臀高	74.24	77.42	4.28
胸围	105.68	108.14	2.33
管围	13.75	13.83	0.58
$\overline{RE}\%$	—	—	2.73

注：RE 为相对误差，$\overline{RE}$ 为平均误差。

从表 5-9 可知，与基于主动式三维重构模型相比，基于双目立体视觉重构三维模型检测的体尺参数的平均相对误差 $\overline{RE}$ 为 2.73%。其中，体高、臀高检测值的相对误差较大，而管围的相对误差最小，胸围的误差为 2.33%，比体长的误差稍大，但比体高和臀高的误差小，整体说明基于三维模型的胸围和管围的检测值相接近。

无接触式检测羊体尺参数，可减小羊体的应激反应，保障福利化养殖。本书第 4 章利用基于羊体的侧视二维图像，通过体尺测点识别实现无接触的羊体尺参数检测；提取羊体图像的 SIFT 特征，通过特征点匹配和灰度模板匹配算法，构造基于双目立体视觉的羊体三维模型，同时检测羊体尺参数；采用激光扫描仪获取羊体三维数据，在脱离杰魔软件开发平台下独自开发点云去噪、点云精简算法实现羊体的三维模型重建，用标本羊验证主动式三维重构模型对羊体尺的检测精度，并与杰魔软件开发平台重构的三维模型的体尺参数作对比分析。针对 3 种不同途径检测的羊体尺参数的误差进行对比分析，结果见表 5-10。

表 5 - 10　不同途径检测的羊体尺参数的误差对比

体尺参数	主动式三维重构 RE/%	双目三维重构 RE/%	二维图像体尺测点检测值 RE/%
体长	0.56	1.47	2.10
体高	0.76	3.62	2.05
臀高	1.52	3.64	1.70
臀宽	0.62	—	—
胸围	1.47	3.83	—
管围	3.41	4.77	—
前三个参数的平均相对误差	0.95	2.91	1.95
所有参数的平均相对误差	1.39	3.47	—

注：RE 为相对误差。

　　比较分析表 5 - 10 中不同途径检测的羊体尺参数的误差。对于体长、体高、臀高参数，主动式激光扫描仪重构的三维模型检测精度较高，平均相对误差为 0.95%；基于二维图像体尺测点检测精度次之，平均相对误差为 1.95%；而基于双目三维重构的检测精度最低，平均相对误差为 2.91%。今后可通过双目立体视觉技术，采用设计的算法获取羊体测点，进而提取测点三维坐标来获取体长、体高、臀高参数。但是针对所有的体尺参数，主动式激光扫描仪重构的检测值平均相对误差为 1.39%，而基于双目三维重构的检测值平均相对误差为 3.47%。因三维激光扫描仪检测的点云数据远远多于通过双目立体视觉检测到的点云数据，所以精度明显高于双目立体视觉重构的羊体尺检测精度。但其扫描过程繁琐、耗时，而且要求活体羊保持静止状态的时间长，且不便于在羊舍现场使用，同时激光扫描过程中激光束会对羊眼睛及身体造成伤害，不利于羊的福利化养殖要求。而双目三维重构的精度稍低一些，但对羊无危害，满足福利化养殖要求，且便于在羊舍现场使用。

5.7 本章小结

本章通过提取立体羊图像对的 SIFT 特征，采用基于 RANSAC 的改进极线约束进行特征点匹配，基于双目立体视觉利用 NURBS 拟合构建羊体曲面。同时利用激光扫描仪获取羊体点云数据，去噪、精简点云数据，利用 Crust 算法重构羊体三维结构。基于不同方式重构的羊体模型提取羊体尺参数，分析体尺参数的误差以确定其重构的精度。

6 总结与展望

6.1 总结

　　羊的体尺、体重等参数是衡量羊生长发育的主要指标，反映羊的生长状况、生产性能和遗传特性。羊体型能够反映羊只体格大小和体躯结构。传统获取羊体尺、体重等生长参数的工作量大，且容易引起羊的应激反应，从而影响羊的生产质量，降低羊的福利化水平。针对实际的羊养殖问题，以活体羊和标本羊为研究对象，研究基于双目立体视觉的羊体尺参数的提取算法及羊体三维重构。针对复杂养殖背景下的羊体图像的分割算法进行研究，并提取羊体轮廓，进而为体尺测点提取做准备。通过分析各体尺参数之间的相关性，预测羊体重，从而确定基于二维侧面图像所提取的体尺参数。利用主动式三维激光扫描仪和被动式双目立体视觉技术，对羊体的三维重构方法进行研究，实现羊体三维重建和生长参数的检测，并对检测结果进行分析。主要研究结论如下：

　　（1）基于双目立体视觉技术，阐述摄像机成像原理，对摄像机标定方法进行研究。对采集的标定板图像实施图像预处理、图像目标提取、目标边界跟踪、标记连通区域、目标属性计算、去噪处理，准确获得标志圆特征，采用 Zhang 摄像机标定法计算双目立体系统中摄像机参数，标定结果与商业化的双目测量平台相比；采用三维空间重投影反计算图像坐标，试验结果表明该方法的标定结果好。同时，在 Matlab 软件平台构建简单的双目立体视觉测量平台。

（2）在真实复杂养殖环境下采集羊图像，对羊体识别算法进行深入研究，提出基于改进的 Graph Cut 图像分割算法。该算法中引入多尺度分水岭算法，将基于像素点的分割转变为基于超像素的分割，在提高分割效率的前提下，能够更清晰地描述羊体区域的轮廓边线；引入 FCM 算法能准确地对超像素区域聚类。针对过曝光羊图像，利用带色彩恢复的多尺度 Retinex 算法增强图像。将改进的分割算法与 Grab Cut 算法、Grow Cut 算法、云模型算法在分割效果、交互时间方面进行比较。

（3）为确定在二维羊体侧视图像中所提取的体尺参数，先建立羊体长、体高、臀高、体宽、臀宽、胸围、管围参数对羊体重的预估模型，判别体重与这 7 个体尺参数的相关性。由于各体尺参数之间存在共性，分别利用逐步回归法和偏最小二乘回归法建模。基于逐步回归法的预估模型中引入胸围、臀高、体高参数，但未引入与体重相关性极强的体长参数。依据相关性分析，偏最小二乘回归法更能表达体重预估模型。考虑到二维侧视图像无法测量体宽和三维参数，所以仅依据体长、体高、臀高建立预估模型。接下来，在图像分割的基础上，提取羊体轮廓线并划分，采用基于羊体的包络分析识别羊体尺测点，实现体长、体宽、体高、胸深等 8 个测点的坐标提取。与实测值相比，基于测点的体长、体高、臀高参数检测值的误差多数小于 2.4cm，少部分体尺参数误差为 3cm 左右。3 种体尺参数检测的平均误差均小于等于 2cm。本研究可应用于无应激的羊体尺参数和体重预估，为开展羊的福利化养殖提供途径。

（4）针对胸围、管围等三维体尺参数，通过二维的侧视图像无法获得，所以探索了羊体三维重构及体尺参数提取方法。

对双目立体视觉三维重构方法进行研究，提取复杂背景下羊体的 SIFT 特征，并提出基于 RANSAC 的改进的极线约束特征点匹配算法。RANSAC 算法能够较好地估计基础矩阵，极线约束将特征点的匹配范围缩小到一条直线上，将极距离最小的特征点看作待匹配点的同名点。为验证匹配算法的适应性，左图像保持不变，右图像旋转、缩放，再对两幅图像实施匹配。由特征点匹配获得稀疏的三维特征点，通过点云插值、曲面重构进而获得羊体三维模型。同时，利用传统的模板匹配算法获得去除图像背景后羊体的稠密三维特征点，生成的视差图中出现"空洞"，三维特征点中存在远离羊主体的孤点，该方法能够大体看出羊体的轮廓，但是三维点云中存在背景点，无法拟合成曲面。在基于特征点匹配的三维重构曲面中，提取羊体长、体高、臀高、胸围、管围体尺参数。

为对比双目立体视觉的三维重构体尺参数检测精度，探索了新的三维方法，利用三维激光扫描仪进行主动式羊体三维重构。对采集的点云数据经过基于空间分块策略改进的 K-近邻搜索方法去除离群噪声点；采用基于八叉树编码的点云精简操作，保留羊体特征点；采用 Crust 算法实现羊体三维曲面重构，并计算体长、体宽、臀宽、臀高、管围、胸围等体尺参数。计算的体尺参数与三维激光扫描仪自带的平台处理结果进行对比分析。

将被动式三维重建、主动式三维重建中检测的体尺参数进行对比发现，主动式三维重构体尺的检测精度最高，平均相对误差为 1.39%，但是扫描仪不适宜在羊舍中使用，况且激光束会对羊眼睛造成伤害。基于双目三维重构的羊体尺参数检测相对误差为 3.47%，误差稍微偏大，但在误差允许范围内。基于二维图像测点检测的体尺参数的相对误差为 1.95%，精度高。所以基于双目立体视觉在羊舍中检测羊体的生长参数并重构羊体三维模型的方法可行。而双目立体视觉重构的关键技术是特征匹配，应匹配更多的特征点，这样才能重建出精确度高的羊体模型，可满足羊体尺、体重参数提取的需求，也可为羊体的体型评价提供可靠的数据基础，因此羊体的特征匹配及重建方法将有待今后的进一步研究和完善。

6.2　创新点

将机器视觉技术应用于羊体尺测量及三维重构，探索无接触体尺测量的方法及羊体三维模型重构。主要创新点如下：

（1）在真实养殖环境下采集羊体图像，因图像背景复杂、存在噪声及视野中有多只羊，提出基于改进 Graph Cut 算法的羊体图像分割方法。在图割的基础上引入多尺度分水岭分割算法、FCM 算法。该算法不仅能够准确地分割出羊体，而且能够高效地提高分割的效率，算法稳定，具有较好的鲁棒性。

（2）双目立体视觉测量的关键技术之一是立体匹配。提取羊体的 SIFT 特征，提出基于 RANSAC 的改进极线约束特征点匹配算法，先用 RANSAC 算法估计基础矩阵，并消除外点，利用对极距离最小化原则匹配特征点。与传统的八点算法相比，该算法结果中的误匹配点明显较少。当右图像发生变换时，也能较准确地匹配特征点，提出的算法具有较强的鲁棒性。

（3）利用二维图像来检测羊体尺参数，提出基于包络线和区间划分的羊体测点识别算法。区间划分和羊体包络线提取的目的是提高测点的搜索效率。

6.3 展望

本书基于双目立体视觉技术对羊体无接触体尺测量、三维重构开展一些基础性研究工作。主要研究内容包含摄像机标定、特征提取及匹配以及三维重建，羊体三维重建处于不断探索中，仍有许多科学问题有待深入研究和进一步突破。亟需研究的工作主要包含：

（1）由于羊体姿态、品种的多样性，应分析羊体测点的特征，进一步研究羊体测点识别，以提高算法的适应性。

（2）基于二维羊体侧视图像，提取羊体的体长、体高、臀高等3 个参数，而且羊体的三维重构仅是利用羊体的侧视图，所以仅重构出羊体的侧曲面。应结合羊体的俯视图、后侧视图，提取羊体宽类参数，重构出完整的羊体模型，并对羊体模型进行着色处理，实现带有真实色彩的羊体三维模型。

（3）实验室新采购的 3D 摄像机能够快速获得物体的点云数据及物体的深度图像，可借助 3D 摄像机探索羊体的三维重建方法，实时检测羊体尺参数。

（4）应具体针对内蒙古某特色品种羊，构建羊体的图像、体重、体尺参数数据库，建立在线实时提取羊体尺参数及预测体重的系统，将研究应用于真实的羊养殖场中以体现真正的研究意义和价值。

参 考 文 献

［1］冀占安．内蒙古草原现状与发展前景［J］.当代畜牧，2015，5：78-80.

［2］荣威恒，刘永斌，王峰，等．发挥畜牧业资源优势加快内蒙古养羊业的发展［J］.中国草食动物科学，2006，zl：6-8.

［3］内蒙古自治区统计局．内蒙古自治区统计年鉴［M］.内蒙古自治区统计局，2015.

［4］苏雅．内蒙古奶业发展状况及对策建议［J］.中国乳业，2013，6：32-33.

［5］王怀栋，郝拉柱，葛茂悦，等．内蒙古运动马产业现状及发展分析［J］.中国农学通报，2013，29（8）：31-34.

［6］Janssens S，Vandepitte W．Genetic parameters for body measurements and linear type traits in Belgian Bleu du Maine，Suffolk and Texel sheep［J］.Small Ruminant Research，2004，54（1-2）：13-24.

［7］杨燕，王冠东，李付武，等．放牧补饲条件下沂蒙黑山羊生长发育规律研究［J］.现代畜牧兽医，2017，11：7-11.

［8］江炎庭，王鹏，洪琼花，等．放牧补饲条件下云南黑山羊生长发育规律研究［J］.家畜生态学报，2015，36（11）：52-56.

［9］Ekiz B，Ozcan M，Yilmaz A，et al．Estimates of phenotypic and genetic parameters for ewe productivity traits of Turkish Merino（Karacabey Merino）sheep［J］.Turkish Journal of Veterinary & Animal Sciences，2005，29（2）：557-564.

［10］张丽娜，武佩，宣传忠，等．羊只体尺参数测量及其形态评价研究进展［J］.农业工程学报，2016，32（zl）：190-197.

［11］王高富，黄勇富，罗艺，等．重庆黑山羊体尺和体重与胴体净肉率的回归分析［J］.中国畜牧杂志，2009，45（21）：9-12.

［12］易鸣，刘章忠，程朝友，等．威宁绵羊体尺体重和肉用性能测定及其相关分析［J］.黑龙江畜牧兽医，2018，2：63-64.

［13］陈锋. 动物养殖中的福利化技术措施［J］. 畜牧兽医科技信息，2017，77：11-11.

［14］姜成钢，刁其玉，屠焰. 羊的福利养殖研究与应用进展［J］. 饲料广角，2008，5：37-40.

［15］安英凤. 动物福利与猪的福利化饲养［J］. 山西农业大学学报（自然科学版），2007，27（6）：117-119.

［16］Dm B. Animal welfare：concepts and measurement［J］. Journal of animal science，1991，69（10）：4167-4175.

［17］顾宪红. 动物福利和畜禽健康养殖概述［J］. 家畜生态学报，2011，32（6）：1-5.

［18］金显栋. 肉羊体况评分及在生产中的应用［J］. 云南畜牧兽医，2007，3：29-30.

［19］Phythian C J，Hughes D，Michalopoulou E，et al. Reliability of body condition scoring of sheep for cross-farm assessments［J］. Small Ruminant Research，2012，104（1）：156-162.

［20］刘同海. 基于双目视觉的猪体体尺参数提取算法优化及三维重构［D］. 北京：中国农业大学，2014.

［21］张丽娜，杨建宁，武佩，等. 羊只形态参数无应激测量系统设计与试验［J］. 农业机械学报，2016，47（11）：307-315.

［22］白俊艳，张省林，庞有志，等. 大尾寒羊体尺指标的主成分分析［J］. 湖北农业科学，2011，50（14）：2912-2914.

［23］康建兵，蔡惠芬，罗卫星，等. 贵州白山羊的体尺与体重及其相关性［J］. 贵州农业科学，2015，43（8）：171-173.

［24］阮洪玲，项露颉，姜怀志，等. 乾华肉用美利奴羊体重与体尺指标的相关性分析［J］. 中国畜牧杂志，2016，52（21）：10-13.

［25］达布西，金凤，德庆哈拉，等. 苏尼特成年母羊体重与体尺的通径分析［J］. 畜牧与饲料科学，2002，23（5）：15-17.

［26］热西提·阿不都热依木，何军敏，周靖航，等. 萨福克母羊体尺和体重相关性分析［J］. 黑龙江畜牧兽医，2017，17：134-135.

［27］Tasdemir S，Urkmez A，Inal S. Determination of body measurements on the Holstein cows using digital image analysis and estimation of live weight with regression analysis［J］. Computers & Electronics in Agriculture，2011，76（2）：189-197.

［28］Zamani P，Moradi M R，Alipour D，et al. Estimation of variance components for body weight of Moghani sheep using B-Spline random regression models ［J］. Iranian Journal of Applied Animal Science，2015，5：647-654.

［29］Yadav D K A R，Jain A. Principal component analysis of body measurements based morphological structure of Madgyal sheep ［J］. The Indian Journal of Animal Sciences，2016，86（5）：568-571.

［30］张帆，颜亭玉，杨佐君，等. 多元统计分析方法在羊体质量与体尺研究中的应用 ［J］. 北京农学院学报，2012，27（4）：16-19.

［31］杨艳. 基于计算机视觉技术的种猪体尺和体重估算方法研究 ［D］. 北京：中国农业大学，2006.

［32］付为森，滕光辉，杨艳. 种猪体重三维预估模型的研究 ［J］. 农业工程学报，2006，22（z2）：84-87.

［33］Kollis K，Phang C S，Banhazi T M，et al. Weight Estimation Using Image Analysis and Statistical Modelling：A Preliminary Study ［J］. Applied Engineering in Agriculture，2007，23（1）：91-96.

［34］刘同海，滕光辉，付为森，等. 基于机器视觉的猪体体尺测点提取算法与应用 ［J］. 农业工程学报，2013，29（2）：161-168.

［35］李卓，杜晓冬，毛涛涛，等. 基于深度图像的猪体尺检测系统 ［J］. 农业机械学报，2016，47（3）：311-318.

［36］陈顺三，汪懋华. 利用图像测量技术进行奶牛体型线性评定 ［J］. 中国农业大学学报，1996，1（4）：93-98.

［37］冯恬. 非接触牛体测量系统构建与实现 ［D］. 杨凌：西北农林科技大学，2014.

［38］薛广顺，来智勇，张志毅，等. 基于双目立体视觉的复杂背景下的牛体点云获取 ［J］. 计算机工程与设计，2015，36（5）：1390-1395.

［39］刘卫民. 基于机器视觉的奶牛体尺参数测量研究 ［D］. 泰安：山东农业大学，2016.

［40］刘建飞. 图像识别技术在奶牛体况评分中的应用研究 ［D］. 济南：山东大学，2012.

［41］王立中. 基于机器视觉的奶牛体型评定中的关键技术研究 ［D］. 呼和浩特：内蒙古农业大学，2009.

［42］Jeong S J，Yang Y S，Lee K，et al. Vision-based Automatic System for

Non-contact Measurement of Morphometric Characteristics of Flatfish [J]. Journal of Electrical Engineering & Technology, 2013, 8 (5): 1194-1201.

[43] Menesatti P, Costa C, Antonucci F, et al. A low-cost stereovision system to estimate size and weight of live sheep [J]. Computers & Electronics in Agriculture, 2014, 103 (2): 33-38.

[44] Vieira A, Brandāo S, Monteiro A, et al. Development and validation of a visual body condition scoring system for dairy goats with picture-based training [J]. Journal of Dairy Science, 2015, 98 (9): 6597-608.

[45] Khojastehkey M, Aslaminejad A A, Shariati M M, et al. Body size estimation of new born lambs using image processing and its effect on the genetic gain of a simulated population [J]. Journal of Applied Animal Research, 2016, 44 (1): 326-330.

[46] 江杰, 周丽娜, 李刚. 基于机器视觉的羊体体尺测量 [J]. 计算机应用, 2014, 34 (3): 846-850.

[47] 朱林, 张温, 李琦, 等. 基于嵌入式机器视觉的羊体体征测量系统 [J]. 计算机测量与控制, 2014, 22 (8): 2396-2408.

[48] 赵建敏, 赵忠鑫, 李琦. 基于 Kinect 传感器的羊体体尺测量系统 [J]. 传感器与微系统, 2015, 34 (9): 100-103.

[49] 张丽娜. 基于跨视角机器视觉的羊只体尺参数测量方法研究 [D]. 呼和浩特: 内蒙古农业大学, 2017.

[50] 刘同海, 滕光辉, 张盛南, 等. 基于点云数据的猪体曲面三维重建与应用 [J]. 农业机械学报, 2014, 45 (6): 291-295.

[51] 李世武, 佟金, 张书军, 等. 牛蹄三维几何模型逆向工程研究 [J]. 农业工程学报, 2004, 20 (2): 156-160.

[52] 张炳超, 夏娟, 李志伟, 等. 面向摘取的番木瓜三维重构与特征参数提取 [J]. 农机化研究, 2016, 38 (12): 212-216.

[53] 杨敏. 基于影灭点的单视图三维重构 [J]. 南京邮电大学学报 (自然科学版), 2008, 28 (3): 87-90.

[54] 闫霖. 基于单幅影像的建筑物三维重建方法研究 [D]. 上海: 同济大学, 2005.

[55] 王红伟. 基于单目视觉三维重建的障碍物检测算法的设计与实现 [D]. 沈阳: 东北大学, 2008.

[56] 高欣健，张旭东，高亚捷，等．基于单幅灰度图像的快速三维重建方法研究 [J]．机械工程学报，2014，50（2）：42-47.

[57] Delage E，Lee H，Ng A Y. A Dynamic Bayesian Network Model for Autonomous 3D Reconstruction from a Single Indoor Image [C]. Computer Vision and Pattern Recognition，2006 IEEE Computer Society Conference on，2006：2418-2428.

[58] Saxena A，Sun M，Ng A Y. Learning 3-D Scene Structure from a Single Still Image [C]. IEEE International Conference on Computer Vision，2007：1-8.

[59] 王传宇，赵明，阎建河，等．基于双目立体视觉技术的玉米叶片三维重建 [J]．农业工程学报，2010，26（4）：198-202.

[60] 殷小舟，淮永建，黄冬辉．基于双目立体视觉的花卉三维重建 [J]．扬州大学学报（农业与生命科学版），2012，33（3）：91-94.

[61] 翟志强，杜岳峰，朱忠祥，等．基于 Rank 变换的农田场景三维重建方法 [J]．农业工程学报，2015，31（20）：157-164.

[62] 杨亮，郭新宇，陆声链，等．基于多幅图像的黄瓜叶片形态三维重建 [J]．农业工程学报，2009，25（2）：141-144.

[63] Wu J H，Tillett R，Mcfarlane N，et al. Extracting the three-dimensional shape of live pigs using stereo photogrammetry [J]. Computers & Electronics in Agriculture，2004，44（3）：203-222.

[64] 闫震，钱东平，王东平，等．奶牛体型评定三维图像同步采集系统 [J]．农业机械学报，2009，40（2）：175-179.

[65] Ji H J，An K H，Kang J W，et al. 3D environment reconstruction using modified color ICP algorithm by fusion of a camera and a 3D laser range finder [C]. Ieee/rsj International Conference on Intelligent Robots and Systems，2009：3082-3088.

[66] Klimentjew D，Hendrich N，Zhang J. Multi sensor fusion of camera and 3D laser range finder for object recognition [C]. Multisensor Fusion and Integration for Intelligent Systems，2010：236-241.

[67] Zhang Q，Jia Q X. 3D indoor reconstruction based on laser scanner and monocular camera [J]. Journal of System Simulation，2014，26（2）：357-362.

[68] Tsai R Y. An efficient and accurate camera calibration technique for 3D

machine vision [J]. Proc. ieee Conf. on Computer Vision & Pattern Recognition，1986：364-374.

[69] Weng J，Cohen P，Herniou M. Calibration of stereo cameras using a nonlinear distortion model [CCD sensory] [C]. International Conference on Pattern Recognition，1990. Proceedings，1990：246-253.

[70] 徐杰. 机器视觉中摄像机标定 Tsai 两步法的分析与改进 [J]. 计算机工程与科学，2010，32（4）：45-48.

[71] Jiang Z，Guo S，Tong X. Self-Calibration Method of The Binocular Camera for Varying Intrinsic Parameters [J]. International Journal of Digital Content Technology & Its Applications，2013，7（1）：264-272.

[72] Wang-Xun Y U，Wang A J. A Linear Camera Self-calibration Approach Based on Active Vision [J]. Value Engineering，2013，5（4）：34-42.

[73] Zhang Z. A Flexible New Technique for Camera Calibration [J]. IEEE Transactions on Pattern Analysis and Machine Intelligence，2000，22（11）：1330-1334.

[74] Zhang Z. Flexible Camera Calibration by Viewing a Plane from Unknown Orientations [C]. The Proceedings of the Seventh IEEE International Conference on Computer Vision，1999：666-673.

[75] Zhang K，Xu B，Tang L，et al. Modeling of binocular vision system for 3D reconstruction with improved genetic algorithms [J]. International Journal of Advanced Manufacturing Technology，2006，29（8）：722-728.

[76] 郭政业，罗延，胡雯蔷，等. 运用投影反馈的神经网络摄像机标定 [J]. 计算机应用研究，2015，32（10）：3179-3182.

[77] Gu F，Zhao H，Ma Y，et al. Camera calibration based on the back projection process [J]. Measurement Science & Technology，2015，26（12）：125004-1-10.

[78] 刘国瑛，薛月菊，邹湘军，等. 基于图像残差的摄像机标定精度比较 [J]. 农机化研究，2010，32（10）：118-121.

[79] 姚敏. 数字图像处理 [M]. 机械工业出版社，2012.

[80] 胡玉龙. 基于改进的非交互 Grab cut 算法进行羊的提取 [D]. 长春：吉林大学，2011.

[81] 邹瑜，帅仁俊. 基于改进的 SOM 神经网络的医学图像分割算法 [J]. 计算机工程与设计，2016，37（9）：2533-2537.

[82] Gao X，Xue H，Pan X，et al. Segmentation of somatic cells based on cloud model [J]. Rev. T ec. Ing. Univ. Zulia，2016，39（2）：93-101.

[83] Gabriel，Jesus，Alves，et al. Segmentation of Somatic Cells in Goat Milk Using Color Space CIELAB [J]. Journal of Agricultural Science and Technology，2014，4（10）：865-873.

[84] 张红旗，王春光，李海军. 基于遗传算法的草莓图像 FCM 分割方法研究 [J]. 农机化研究，2015，37（4）：55-57.

[85] 孙龙清，李玥，邹远炳，等. 基于改进 Graph Cut 算法的生猪图像分割方法 [J]. 农业工程学报，2017，33（16）：196-202.

[86] 刘毅，黄兵，孙怀江，等. 利用视觉显著性与图割的图像分割算法 [J]. 计算机辅助设计与图形学学报，2013，25（3）：402-409.

[87] Boykov Y，Funka-Lea G. Graph Cuts and Efficient N-D Image Segmentation [J]. International Journal of Computer Vision，2006，70（2）：109-131.

[88] 陈通. 基于 Graph Cuts 算法的交互式医学 X 线图像分割方法研究 [D]. 北京：北京交通大学，2014.

[89] 樊淑炎，丁世飞. 基于多尺度的改进 Graph cut 算法 [J]. 山东大学学报（工学版），2016，46（1）：28-33.

[90] 王钧铭，高立鑫，赵力. 基于分水岭预分割的 Grab cut 算法 [C]. 2008' 促进中西部发展声学学术交流会论文集，2008：179-182.

[91] Rother C，Kolmogorov V，Blake A. "GrabCut"：interactive foreground extraction using iterated graph cuts [C]. ACM SIGGRAPH，2004：309-314.

[92] 伊聪聪，吴斌，张红英. 一种改进的 Grabcut 图像分割方法 [J]. 小型微型计算机系统，2014，35（5）：1164-1168.

[93] 祝贵. 基于模糊 C 均值的图像分割算法研究 [D]. 湘潭：湘潭大学，2013.

[94] 毛罕平，张艳诚，胡波. 基于模糊 C 均值聚类的作物病害叶片图像分割方法研究 [J]. 农业工程学报，2008，24（9）：136-140.

[95] 王黎明. 自适应加权空间信息的 FCM 医学图像分割 [J]. 微型机与应用，2011，30（22）：42-45.

[96] 周艳青，薛河儒，潘新，郜晓晶. 基于改进的 Graph Cut 算法的羊体图像分割 [J]. 华中科技大学学报（自然科学版），2018，46（2）：123-127.

[97] 周良芬, 何建农. 基于 GrabCut 改进的图像分割算法 [J]. 计算机应用, 2013, 33 (1): 49-52.

[98] Vezhnevets V. GrowCut: Interactive multi-label ND image segmentation by cellular automata [J]. proc. of Graphicon, 2005, 1: 150-156.

[99] 郑加明, 陈昭炯. 局部颜色模型的交互式 Graph-Cut 分割算法 [J]. 智能系统学报, 2011, 6 (4): 318-323.

[100] Han S, Tao W, Wu X. Texture segmentation using independent-scale component-wise Riemannian-covariance Gaussian mixture model in KL measure based multi-scale nonlinear structure tensor space [J]. Pattern Recognition Letters, 2011, 44 (3): 503-518.

[101] 郭传鑫, 李振波, 乔曦, 等. 基于融合显著图与 GrabCut 算法的水下海参图像分割 [J]. 农业机械学报, 2015, 46 (z1): 147-152.

[102] Jobson D J, Rahman Z, Woodell G A. Properties and performance of a center/surround retinex [J]. 1997, 6: 451-462.

[103] Jobson D J, Rahman Z, Woodell G A. A multiscale retinex for bridging the gap between color images and the human observation of scenes [J]. IEEE Transactions on Image Processing A Publication of the IEEE Signal Processing Society, 1997, 6 (7): 965-976.

[104] 顾亚玲, 马吉锋. 萨福克羔羊断奶体重体尺指标及其相关性的研究 [J]. 畜牧与饲料科学, 2003, 24 (5): 28-29.

[105] Sowande O S, Sobola O S. Body measurements of west African dwarf sheep as parameters for estimation of live weight [J]. Trop Anim Health Prod, 2008, 40 (6): 433-439.

[106] Mahmud M A, Shaba P, Abdulsalam W, et al. Live body weight estimation using cannon bone length and other body linear measurements in Nigerian breeds of sheep [J]. Journal of Advanced Veterinary & Animal Research, 2014, 1 (4): 169-176.

[107] Gizaw S, Komen H, Arendonk J a M V. Selection on linear size traits to improve live weight in Menz sheep under nucleus and village breeding programs [J]. Livestock Science, 2008, 118 (1): 92-98.

[108] Mavule B S, Muchenje V, Bezuidenhout C C, et al. Morphological structure of Zulu sheep based on principal component analysis of body measurements [J]. Small Ruminant Research, 2013, 111 (1): 23-30.

［109］ Pourlis A F. A review of morphological characteristics relating to the production and reproduction of fat-tailed sheep breeds ［J］. Tropical Animal Health & Production，2011，43（7）：1267-1287.

［110］ 叶昌辉，何启聪，谢为天. 雷州山羊体尺性状的主因子分析 ［J］. 西南大学学报（自然科学版），2002，24（1）：60-63.

［111］ 闫忠心，靳义超，白海涛. 基于体尺、体质量的高原型藏羊核心选育群评价 ［J］. 江苏农业科学，2015，43（11）：283-285.

［112］ 岳伟. 基于机器视觉的羊体体征测量 ［D］. 包头：内蒙古科技大学，2015.

［113］ 李娜，李红波，闫向民，等. 新疆肉牛体尺体重主成分分析 ［J］. 安徽农业科学，2017，45（31）：103-105.

［114］ 毛瑞. 偏最小二乘法在小麦赤霉病预测中的研究与应用——以安徽桐城小麦数据为例 ［D］. 合肥：安徽农业大学，2016.

［115］ 唐冲，惠辉辉. 基于 Matlab 的高斯曲线拟合求解 ［J］. 计算机与数字工程，2013，41（8）：1262-1263.

［116］ Shi H，Zhu H，Wang J，et al. Segment-based adaptive window and multi-feature fusion for stereo matching ［J］. Journal of Algorithms & Computational Technology，2016，10（1）：184-200.

［117］ Buades A，Facciolo G. Reliable Multiscale and Multiwindow Stereo Matching ［J］. Siam Journal on Imaging Sciences，2015，8（2）：888-915.

［118］ 卢思军. 立体匹配关键技术研究 ［D］. 南京：南京理工大学，2010.

［119］ 徐正光，陈宸. 鲁棒且快速的特征点匹配算法 ［J］. 计算机科学，2013，40（2）：294-296.

［120］ Wang Z F，Zheng Z G. Region based stereo matching algorithm using cooperative optimization ［J］. Acta Automatica Sinica，2009，35（5）：1-8.

［121］ Zhou Z，Wu D，Zhu Z. Stereo matching using dynamic programming based on differential smoothing ［J］. Optik-International Journal for Light and Electron Optics，2016，127（4）：2287-2293.

［122］ Besse F，Rother C，Fitzgibbon A，et al. PMBP：PatchMatch Belief Propagation for Correspondence Field Estimation ［J］. International Journal of Computer Vision，2014，110（1）：2-13.

［123］ Li L. Image matching based on epipolar and local homography constraints

[J]. Proc Spie，2008，6833：68330-z1-z7.

[124] 易成涛，王孝通，徐晓刚. 基于极线约束的角点匹配快速算法 [J]. 系统仿真学报，2008，20（z1）：371-374.

[125] 韩伟，郑江滨，李秀秀. 基于外极线约束的快速精确立体匹配算法 [J]. 计算机工程与应用，2008，44（1）：51-53.

[126] 吴楚，刘士荣，杨帆，等. 基于极线约束的 SIFT 特征匹配算法研究 [C]. 中国过程控制会议，2011：1173-1187.

[127] Zhao L L. A Stereo Matching Algorithm Based on Left and Right Views [J]. Computer Simulation，2010，27（3）：220-223.

[128] Li D M，Hua W Z，Zhu L Q，et al. Stereo Vision Image Matching Based on RANSAC Algorithm [J]. Journal of Beijing University of Technology，2009，35（4）：452-457.

[129] Li Z，Song L，Xi J，et al. A stereo matching algorithm based on SIFT feature and homography matrix [J]. Optoelectronics Letters，2015，11 (5)：390-394.

[130] Fischler M A，Bolles R C. Random sample consensus：a paradigm for model fitting with applications to image analysis and automated cartography [M]. ACM，1981：726-740.

[131] Hartley R I. In defence of the 8-point algorithm [J]1995，19（6）：580-593.

[132] Hartley R，Zisserman A. Multiple view geometry in computer vision [C]2000：1865-1872.

[133] Zhong H X，Pang Y J，Feng Y P. A new approach to estimating fundamental matrix [J]. Chinese Journal of Scientific Instrument，2006，24 (1)：56-60.

[134] Zhou J. Optimize Fundamental Matrix Estimation Based on RANSAC [J]. Applied Mechanics & Materials，2011，50：333-337.

[135] Lowe D G. Object Recognition from Local Scale-Invariant Features [C]. Proc. IEEE International Conference on Computer Vision，1999：1150-1157.

[136] 韩慧妍. 基于双目立体视觉的三维模型重建方法研究 [D]. 太原：中北大学，2014.

[137] Li R，Sclaroff S. Multi-scale 3D scene flow from binocular stereo sequences

[J]. Computer Vision & Image Understanding, 2008, 110 (1): 75-90.

[138] 张靖. 基于克里金算法的点云数据插值研究 [D]. 西安: 长安大学, 2014.

[139] Romanoni A, Delaunoy A, Pollefeys M, et al. Automatic 3D reconstruction of manifold meshes via delaunay triangulation and mesh sweeping [J]. Computer Vision & Pattern Recognition, 2016, 1604: 06258: 1-8.

[140] Chen S Y, Guan Q. Parametric shape representation by a deformable NURBS model for cardiac functional measurements [J]. IEEE Trans Biomed Eng, 2011, 58 (3): 480-487.

[141] Yu D M, Li X J, Xiong Y, et al. Reconstructing of Prototype Surface with Reverse Engineering and Data Process Technology [J]. Key Engineering Materials, 2011, 458 (458): 368-373.

[142] 张启福, 孙现申. 三维激光扫描仪测量方法与前景展望 [J]. 北京测绘, 2011, 1: 39-42.

[143] Yu D M, Li X J, Xiong Y, et al. Application of Reverse Engineering Technology in Constructing Prototype Surface [J]. Applied Mechanics & Materials, 2010, 34: 1154-1158.

[144] 王春兰, 薛河儒, 姜新华, 等. 三维点云数据中离群噪声点快速剔除的方法研究 [J]. 内蒙古农业大学学报（自然科学版）, 2017, 38 (1): 93-97.

[145] Fang F, Cheng X. A Fast Data Reduction Method for Massive Scattered Point Clouds Based on Slicing [J]. Geomatics & Information Science of Wuhan University, 2013, 38 (11): 1353-1357.

[146] Lee K H, Woo H, Suk T. Point Data Reduction Using 3D Grids [J]. International Journal of Advanced Manufacturing Technology, 2001, 18 (3): 201-210.

[147] Wang Y, Tan S, Dong W, et al. Research on 3D Modeling Method Based on Hybrid Octree Structure [J]. Open Electrical & Electronic Engineering Journal, 2014, 8 (1): 323-329.

[148] Amenta N, Bern M. Surface Reconstruction by Voronoi Filtering [J]. Discrete & Computational Geometry, 1999, 22 (4): 481-504.

图书在版编目（CIP）数据

基于机器视觉技术的羊体尺参数无接触测量／周艳青等著. -- 北京：中国农业出版社，2024. 6. -- ISBN 978-7-109-32146-5

Ⅰ. S826-39

中国国家版本馆 CIP 数据核字第 2024CJ8586 号

基于机器视觉技术的羊体尺参数无接触测量
JIYU JIQI SHIJUE JISHU DE YANGTICHI CANSHU WUJIECHU CELIANG

中国农业出版社出版

地址：北京市朝阳区麦子店街 18 号楼
邮编：100125
责任编辑：周锦玉
版式设计：杨 婧　责任校对：吴丽婷
印刷：北京印刷集团有限责任公司
版次：2024 年 6 月第 1 版
印次：2024 年 6 月北京第 1 次印刷
发行：新华书店北京发行所
开本：880mm×1230mm 1/32
印张：5.25
字数：146 千字
定价：48.00 元